增强型方膛四轨电磁发射器设计与试验

刘少伟　冯　刚　熊　玲
杜翔宇　关　娇　李腾达　著

西北工业大学出版社
西安

【内容简介】 针对电磁轨道发射装置滑动电接触条件下轨道易损伤、极端电磁环境导致设备电磁兼容性差、发射器性能预测困难等问题,本书创新性地提出增强型方膛四轨电磁发射器的构型,深入分析电枢运动过程中膛内的电磁特性、枢轨接触特性、推力特性和多物理场耦合机理,提出基于场路耦合的电枢出膛速度数值计算方法,探究铜基复合轨构型和多物理场耦合机理,并开展增强型方膛四轨电磁器的工程研制和电磁发射试验验证。本书的主要内容包括绪论、双曲增强型四轨电磁发射器结构设计、双曲增强型四极电磁轨道发射器电磁推力分析、电枢膛内运动过程耦合仿真、四极复合型轨道电磁发射器多物理场耦合仿真、电枢出膛速度数值计算、增强型方膛四轨电磁发射器试验及结论等。

本书可供从事电磁发射技术理论和应用研究的科研人员和工程技术人员阅读与参考。

图书在版编目(CIP)数据

增强型方膛四轨电磁发射器设计与试验/刘少伟等著. -- 西安:西北工业大学出版社,2024.8. -- ISBN 978-7-5612-9346-1

Ⅰ.O441.4

中国国家版本馆 CIP 数据核字第 20241EW465 号

ZENGQIANGXING FANGTANG SIGUI DIANCI FASHEQI SHEJI YU SHIYAN

增 强 型 方 膛 四 轨 电 磁 发 射 器 设 计 与 试 验

刘少伟 冯刚 熊玲 杜翔宇 关娇 李腾达 著

责任编辑:朱辰浩		策划编辑:杨 睿	
责任校对:朱晓娟		装帧设计:高永斌 佀小玲	
出版发行:西北工业大学出版社			
通信地址:西安市友谊西路 127 号		邮编:710072	
电　　话:(029)88493844,88491757			
网　　址:www.nwpup.com			
印 刷 者:西安五星印刷有限公司			
开　　本:787 mm×1 092 mm		1/16	
印　　张:7.875			
字　　数:187 千字			
版　　次:2024 年 8 月第 1 版		2024 年 8 月第 1 次印刷	
书　　号:ISBN 978-7-5612-9346-1			
定　　价:68.00 元			

前　言

　　电磁轨道发射器是一种能在瞬间将大功率电能高效转化为动能的推进装置,在飞机和导弹弹射、动能武器发射、航天运载推进等军用、民用领域展现出广阔的应用前景。目前,电磁轨道发射器距离实现工程化和武器化仍有一定差距,主要在于滑动电接触条件下轨道易损伤、极端电磁环境导致设备电磁兼容性差、发射器性能预测困难等。针对电磁轨道发射器研究中的现实问题,本书设计一种双曲增强型四轨电磁发射器结构,通过数值仿真对发射器的物理特性展开研究,构建电磁发射试验平台,并开展试验验证。

　　本书的主要研究内容包括:①开展双曲增强型四轨电磁发射器结构设计。针对发射器电磁兼容性不佳的问题,设计增强型四轨电磁发射器结构;针对发射器容易出现接触失效的问题,设计凸轨道与电枢的过盈配合形式;为实现多组脉冲电源的同时加载,针对双曲增强型四轨电磁发射器设计一种双层汇流排结构,并进一步给出发射器的身管紧固方法和电源系统、采集系统、测试控制系统、试验布局的设计方案,研制双曲增强型四轨电磁发射试验平台,并开展电磁发射试验验证。②基于有限元-边界元耦合方法对所设计的电磁轨道发射器进行多物理场耦合分析,推导电枢在发射器膛内运动过程中涉及的电磁场、温度场、结构场控制方程及其有限元、边界元实现形式;对电枢的装填过程和通电后电枢的膛内运动过程进行仿真,分析发射器在不同过程中的接触特性和通电后的电磁特性、温度特性,研究发射器电磁特性与接触特性、电磁特性与温度特性、接触特性与温度特性之间的耦合关系。仿真结果表明,所采用的有限元-边界元耦合方法能够有效模拟电磁轨道发射器电枢膛内运动过程。③提出一种基于场路耦合的电枢出膛速度计算方法。通过时频分析和电磁场扩散方程对发射器的电流分布进行拟合,采用 Biot-Savart 定律求解发射器的受力、电枢的运动参数和脉冲成形网络的负载参数,通过迭代的方法将脉冲成形网络的响应与电枢的运动耦合,实现电枢出膛速度的数值计算。④对四极复合型轨道电磁发射器和传统的四极轨道电磁发射器的电流密度分布、磁场分布以及受力状况进行分析,探究复合层参数对电磁特性的影响,结果证实四极复合型轨道电磁发射器的优良电磁场特性及发射器模型的科学性与合理性;进行四极复合型轨道电磁发射器的电磁-结构耦合分析、电磁-温度耦合分析和电磁-温度-结构耦合分析,探究四极复合型轨道电磁发射器的多物理场耦合特性。

本书可以帮助有关研究人员和工程技术人员了解四轨电磁发射器的构型、理论分析和有限元建模仿真方法、电枢出膛速度计算方法及工程试验方案,能为提升轨道式电磁炮性能和解决工程化实现相关问题提供参考。

本书的内容为防空反导学院电磁发射技术团队的研究成果。其中,刘少伟、杜翔宇负责第1章、第2章、第4章、第6章和第8章的撰写,冯刚、李腾达负责第5章的撰写,关娇负责第3章的撰写,熊玲负责第7章的撰写。全书由刘少伟统稿。

在写作本书的过程中,笔者曾参阅了大量相关文献和资料,在此谨向其作者深表感谢!

由于水平有限,书中难免存在疏漏和不足之处,恳请广大读者批评指正。

著 者

2024 年 4 月

目　　录

第1章 绪　论

1.1　研究背景及意义

人类对能量运用方式的探索从未停止,经历了从原始社会徒手抓捕猎物到利用石头、弓箭、火药等工具的进步。其中,以火药为典型代表的传统化学发射方式的应用极大地推动了人类社会的发展。尤其在军事领域,利用火药燃烧产生的高温、高压燃气推动弹药高速运动,可有效打击、震慑敌军作战单位,直接改变了战争方式。传统的化学能推进技术通过火药燃烧产生的燃气推动弹丸运动,受限于气体膨胀速度,其初速度难以超过 2 km/s,且在大质量弹丸的发射方面遇到困难,无法满足蓬勃发展的军事科技对发射技术的需求[1-2]。电磁轨道发射器是一种能在瞬间将大功率电能高效转化为动能的发射装置,具有能量效率高、输出功率大、环境污染小等显著优势,在飞机、导弹弹射及动能武器发射等领域具有广阔的应用前景[3-8]。

当前,对电磁轨道发射器的研究正逐步从实验室阶段向工程化阶段、从技术验证阶段向武器化阶段迈进[9]。在这一过程中,仍有许多问题制约着电磁轨道发射器的发展,主要包括:①巨大的接触力、极大的温度变化引起轨道变形,导致接触失效[10-14];②发射器工作过程中强磁场环境导致设备电磁兼容性不佳[15-16]。在材料科学、电子技术未能取得突破性进展的条件下,通过合理的结构设计提升电磁轨道发射器的电枢-轨道接触效能[17]、改善电磁轨道发射器的膛内磁场环境[18-20]成为一条可行性高、易于实现的途径,具有现实意义[21]。

在复杂的多物理场耦合现象影响下[22-23],电磁轨道发射器形成了高速载流滑动电接触这一独有的工况[24-25]。发射器工作过程中每平方毫米大小的接触面上承载高达数千牛的接触压力、几兆安的电流,并产生几百甚至上千摄氏度的温升[26],进而出现相变、转捩、烧蚀等严重影响发射器性能的极端物理现象[27-29]。由于电磁轨道发射器工作在强磁场环境下,从接通电源开始到电枢出膛只有几毫秒的时间,所以通过试验对发射器工作过程中的物理参量进行测量十分困难[30-33]。通过仿真,不仅可以获得许多难以通过试验测量的物理参量,还可以节约研发成本、缩短研制周期[34-36]。

传统的火药发射方式以装药的化学能作为推进动力,弹丸出膛速度取决于装药和燃气的性质,在发射器工作过程中无法及时调整。电磁轨道发射器通过将电能转化为推动弹丸前进的动能实现对抛体的发射,通过调整电源参数,可以方便地改变发射器的推力,进而改变弹丸的出膛速度[37]。这一优势使得电磁轨道发射器更加适应未来作战背景对发射技术的要求。为了实现弹丸出膛速度的调整,就需要获取电源参数与弹丸出膛速度之间的精确对应关系。针对这一问题,国内外大量学者通过数值仿真进行了研究,但数值仿真对计算资源和计算时间的消耗都比较大,不满足作战环境下快速调整弹丸出膛速度的要求。因此,为了应对新的作战环境对弹丸出膛速度计算的要求,就需要一种能够快速、精确计算弹丸出膛速度的计算方法。作为电磁轨道发射器重要组件之一的轨道,其内侧面临着烧蚀、磨损和刨削等问题,且对其导电性、刚度等特性要求较高,轨道的综合性能在很大程度上决定了发射器的实际应用,因此轨道的设计和材料选择成为解决问题的关键,而复合材料可以兼顾各方面性能,复合型轨道的提出和应用为解决上述问题提供了新思路。

本书旨在通过结构设计改善电磁轨道发射器的电磁兼容性和电枢与轨道的接触性能,并引入复合型轨道设计,通过数值仿真对发射器的物理特性开展研究。本书开展的研究将为电磁轨道发射器的工程化提供有意义的探索,并为发射器的军事化应用提供参考。

1.2　国内外研究现状

1.2.1　电磁轨道发射技术发展历程

1901 年,Birkeland[38] 提出了电磁发射的概念并设计了最初的电磁发射器。由于原理简单,所以电磁发射的概念受到广泛关注,世界上的主要国家均对其进行了研究,并取得了大量成果[39]。但在 1957 年,经过了 50 多年的发展,美国"超高速冲击会议"对电磁发射技术的现状作以总结,认为"在不久的将来用电磁炮获得超高速是不可能的"[40]。让科学家做出这一悲观结论的原因在于,电磁轨道发射器电枢的速度受制于焦耳热,轨道也会在发射过程中受损,长期以来一系列的电磁发射试验均未达到理想效果,甚至未能接近火药发射方式所能达到的性能。因此,一段时间以来,电磁轨道发射器的研究陷入低潮[41]。

1978 年,澳大利亚国立大学长期致力于电磁轨道发射器技术研究的 Marshall 博士和 Barber 博士在堪培拉进行了成功的电磁发射试验,用 550 MJ 发电机使弹丸获得了 5.9 km/s 的速度,并且没有破坏聚碳酸酯弹丸的结构。这一试验证明了电磁发射在超高速发射领域的巨大前景,掀起了电磁轨道发射器研究的第二个热潮。同年,美军成立了相关研究机构,对电磁轨道发射器在军事领域的应用前景进行评估。苏联随即对电磁发射技术进行了跟进[42]。在 20 世纪 80 年代到 21 世纪期间,美国的 LLNL 实验室、Kaman 航空公司、Maxwell 技术公司等纷纷开展了电磁轨道发射技术研究,分别在 1982 年将 100 g 的弹丸加速至 4.2 km/s,在 1989 年将 1.125 kg 的弹丸加速至 4 km/s,在 1992 年将炮口动能提升至 9 MJ。2001 年,美军对舰载电磁轨道发射器进行了技术论证,提出了 64 MJ 的研究目标。在 21 世纪的第一个 10 年,美国海军分别试射了炮口动能 10.68 MJ 和 33 MJ 的电磁轨道炮(见图 1.1),将 3.41 kg 和 10 kg 的弹丸加速至 2.5 km/s,已经十分接近武器级水平[43]。

图 1.1　美军电磁轨道炮

欧亚大陆的发达国家,如英国、法国、日本等,也较早地开展了对电磁发射技术的研究[44]。例如,日本于 1984 年试射了炮口动能 0.22 MJ 的电磁轨道发射器,俄罗斯于 1994 年试射了炮口动能 0.88 MJ 的发射器,1999 年法、德两国联合研制了能够将质量为 650 g 的弹丸加速至 2 km/s 的发射器等。但受限于国家战略规划和经济发展速度,近年来这些国家对电磁轨道发射技术的研究未能跟上美国的步伐,落入第二梯队。2012 年,英国 BAE 系统公司研制的能够将 2.5 kg 弹丸加速至 2 km/s 的电磁轨道发射器代表了英国在该领域的最高技术成果,但已落后于美国的研究进度[39]。

我国对电磁轨道发射技术的研究肇始于原军械工程学院的王莹教授。王莹教授早在 1981 年就投身对电磁发射技术的研究,取得了大量成果并在 1992 年公开出版了《电炮原理》一书,成为我国电磁发射技术的奠基人[43]。1986 年,中国科学院等离子体研究所研制出国内首个电磁轨道发射装置,使质量为 0.3 g 的弹丸获得了 1.68 km/s 的出膛速度。随后,我国的电磁发射技术迅猛发展,涌现出以华中科技大学夏胜国教授,南京理工大学栗保明教授,燕山大学白象忠教授[45],中国科学院电工所严萍研究员,西北机电工程研究所苏子舟研究员、国伟研究员[39]为代表的一大批专家、学者和郑州中电 27 所、中航科工 206 所、北京特种机械研究所等科研机构,并在影响发射器性能和发射器工程化、武器化进程的关键技术上取得了重要进展。此外,海军工程大学的马伟明院士及其团队长期致力于舰载电能能源系统和电磁能推进装置的研究。我国首艘装载了综合电力系统和电磁弹射器的航空母舰下水,标志着我国电磁推进技术的又一重大突破,也为电磁发射技术在军事领域的应用带来了曙光。

1.2.2　电磁轨道发射器构型研究现状

在电磁轨道发射器的概念被提出至今的 100 多年时间里,国内外学者在发射器能源系统、控制技术、电枢结构设计、轨道长寿命技术、发射器多物理场耦合机理等方面均取得了重大进展,解决了许多制约发射器工程化的关键技术[46-48]。但到目前为止,在电磁轨道发射器工程化、武器化过程中,发射器的寿命问题仍然是困扰着科研人员的最关键问题。为了解决这一问题,科研人员进行了大量发射试验,希望通过归纳、总结试验结果认识发射器损伤机理,通过工程上合理的结构设计探索延长发射器寿命的方法[49-50]。

1. 发射器损伤机理

为了延长发射器寿命,科研人员进行了大量试验,对试验中出现的各种轨道损伤形式进行了分析,将轨道的失效形式归纳为烧蚀、转捩、刨削、槽蚀等多种形式,并一致认为电磁轨道发射器轨道的损伤是多物理场耦合作用的结果[51-52]。对于电磁轨道发射器发射过程中轨道的烧蚀现象,Sun 等人研究认为,轨道的烧蚀损伤远超轨道磨损等因素,是制约轨道寿命的首要因素[53]。Merrill R.[54]、Leslie C.[55]等人提出了描述烧蚀现象在发射器工作中演化过程的熔化波理论,能够与大量试验和仿真的结果相吻合。刨削现象最早被发现是在 20世纪 60 年代的火箭撬试验中,随后在两级氢气炮的发射中也出现了类似的现象,这些发射试验的共同特点就是弹丸达到了超高速。在堪培拉试射了速度达到 5.9 km/s 的发射器后,科研人员也在电磁轨道发射器上观察到了刨削现象。Stefani 等人选用不同材料的轨道进行发射试验,总结了出现刨削的最小速度,即刨削阈值速度[56]。Afit 分析了材料强度与刨削阈值速度之间的关系,Barker 通过仿真预测了刨削现象在极大速度条件下消失的现象[57]。Laird 等人分析了热效应对刨削现象的影响,并得出了温升抑制前部刨削、促进侵彻刨削的结论。Persad、Tachau 等人根据刨削现象的形成机理,提出了释压结构、材料镀膜等缓解刨削现象的措施[58]。2001 年,Gee 等人在发射试验中首次观察到电枢启动阶段轨道表面的槽蚀损伤,Watt 等人随后对槽蚀损伤的形貌进行归类,划分了尖锐沟槽和拓展凹槽两种损伤形式。Meger 等人给出了对槽蚀现象成因的几种解释,包括趋肤效应熔化说、磁力变形说、电弧熔化说等[59],而 Gee 等人则认为槽蚀现象是由材料塑性变形和相变引起的。Hsieh 等人通过仿真分析得出结论,认为局部高温导致的材料软化和屈服是槽蚀现象出现的主要原因[60]。Watt 等人则认为需要通过抑制材料相变缓解槽蚀损伤[61]。总之,大量研究表明,热生成是导致发射器轨道损伤的最主要原因。电磁轨道发射器的热源包括焦耳热与摩擦热两项,其中焦耳热占主导地位。因此,为了减少轨道损伤、延长轨道寿命,研究人员提出了不同的思路,希望在不降低电枢所受推力的前提下减小发射器的工作电流或缓解电流集中现象。此外,工程技术人员也采用许多方法,试图通过提升轨道强度、改善枢-轨接触特性,延长发射器使用寿命。

2. 发射器损伤抑制思路

为了在不影响推力的条件下缓解发射器的电流集中现象,或者采用更小的电流获得更大的推力,科研人员从结构设计的角度出发进行了大量探索[62]。电磁轨道发射器原理简单,只需要在动子上施加与其载流方向和运动方向均正交的磁场即可使动子前进,因此容易实现不同的发射器结构形式,而电磁轨道发射器的结构形式会极大地影响发射器性能。

对于发射器结构设计的第一个目标,即在不影响推力的条件下减小电流,研究人员提出为发射器赋予背景磁场的思路,形成了增强型发射器的结构,并根据轨道连接方式的不同将其分为串联增强和并联增强两类[63]。串联增强使增强轨道与主回路和电枢共用一个电源,其结构如图 1.2 所示。

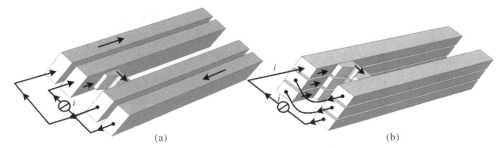

图 1.2 增强型电磁轨道炮结构示意图

(a)平面增强型电磁轨道发射器;(b)层叠增强型电磁轨道发射器

由于多匝轨道之间存在互感,所以串联增强型发射器等效地增大了电感梯度,进而增加了电枢受到的推力。但由于轨道本身存在体电阻,所以串联增强型发射器的能量效率低于非增强型发射器。此外,串联增强型发射器增强轨道的匝数越多,则电枢受到的接触压力与推力的比值越小,容易导致电枢与轨道之间接触失效。研究表明,串联增强型发射器的增强轨最多不应超过 2 对[64]。并联增强型电磁轨道发射器提供背景磁场的元件与主轨道和电枢之间为并联关系,或者不共用电源,因此也被称为外场增强型电磁轨道发射器,其结构如图 1.3 所示。外场增强线圈电流在膛内感应出的磁场方向与轨道感应出的磁场方向一致,因此可以增大电枢受到的推力。为了提升效率,也有研究人员采用超导材料制作增强线圈[65]。由于线圈本身不与电枢接触,所以选材时可以不考虑其材料强度问题,大大拓宽了线圈材料的选择范围。

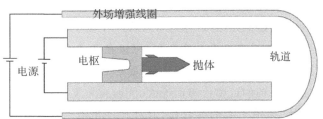

图 1.3 外场增强型电磁轨道炮

对于发射器结构设计的另一个目标,即增加轨道强度、改善枢轨接触,科研人员提出了多种思路,例如:增强对电枢的控制,使电枢在膛内运行平稳[21,66];改变轨道材料以提升轨道强度;改变接触面形式和枢-轨配合方式以提升接触效能;等等。对于控制电枢膛内运行平稳程度的思路,研究人员提出了分散馈电电磁轨道发射器和如图 1.4 所示的分段轨道电磁发射器。

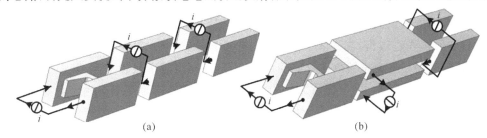

图 1.4 分段电磁轨道炮结构示意图

(a)平面分段电磁轨道发射器;(b)三维分段电磁轨道发射器

这两种发射器的设计思路在于通过多组电源分别分段载入轨道实现对电流的控制，在保证电枢受力稳定的同时还能够增加发射器能量利用率。对于改变轨道材料以提升轨道强度的思路，由于电磁轨道发射器既要求轨道有良好的导电性，又要求轨道有足够的强度，而在同一种材料中这两种性质往往不能很好地共存，所以科研人员提出了轨道镀层、表面处理、复合轨道等方法。Marshall 博士首先提出了分层轨道的思路，这种轨道按照距离电枢的远近分层，不同的层使用不同的材料，进而改善电枢运动过程中轨道上的电流分布[58]；后来的科研人员在 Marshall 博士研究的基础上又提出了一种复合轨道，使用强度较大的钢材料作为电枢与轨道的接触层，使用电导率较高的铜作为轨道的基层，以期获得轨道电流导通效果和强度的均衡[67]。在试验中，科研人员使用锡、金等材料在电枢与轨道的接触面上进行镀层，以降低电弧出现的可能性，同时这两种镀层在熔化时会大量吸热，可以缓解发射器工作过程中轨道的热损伤。然而，也有科研人员认为，镀层融化后的金属液滴可能会导致电枢与轨道之间出现电弧，同时镀层本身是一种无法重复使用的材料，每次发射后需要对轨道表面进行清理，不能满足作战环境对连续发射的需求[68]。Morganite 借鉴旋转电机集电器采用开槽方法改善电刷性能的思路，提出了一种开斜槽的轨道结构，在轨道与电枢接触的表面刻蚀出浅槽，迫使电枢与轨道之间的实际接触点增多。这种结构在早期的试验中取得了良好的效果，但经过多次发射后，轨道磨损，接触面上的浅槽逐渐消失，反而改变了发射器膛内尺寸，不利于发射器连续工作。因此在后续的研究中，科研人员尝试通过更简单的思路，即改变接触面形式与枢-轨配合方式提升发射器的寿命。最初的电磁轨道发射器采用矩形轨道，轨道与电枢之间的接触面是平面，轨道只能在一个自由度上约束电枢的运动。目前在工程上常常将电枢与轨道的接触面设计成弧形，可以在两个自由度上约束电枢的运动。同时，根据车英东、李腾达等人的研究[10,17]，不同截面形式的轨道与电枢的电流分布特性、接触特性等均不相同，通过合理的调整接触面形式，能够有效改善发射器的接触状态。发射器的电枢作为抛体的载体、轨道之间的连接件，必须保证足够的强度和与轨道之间可靠的接触。由于金属之间的相互摩擦会导致材料损伤，且考虑到金属本身的电阻在发射过程中会积累焦耳热，所以科研人员提出用等离子体作为电枢材料和等离子体与金属混合电枢。Mcnab 等人对等离子体电枢的性质进行了研究，认为采用金属箔片爆炸生成等离子体的方法会产生大量的电压降，因此性能并不理想[69]。Powell、Batteh 等人对等离子体电枢在发射过程中的温升现象进行了研究，认为等离子体电枢可能产生比固体电枢更严重的烧蚀[70-71]。但相较于固体电枢，等离子体电枢在大口径、超高速发射中能够取得更佳的表现。当前的科研人员普遍认为，在 4 km/s 以下的速度范围内，固体电枢已经能够满足使用要求，同时能够获得比等离子体电枢更好的性能，而这一速度范围足以满足当前的军事需求。Marshall 博士通过试验总结了能够维持电枢与轨道良好接触的最小接触压力与激励电流的关系，并归纳为"1 g/A"法则，成为指导固体电枢设计的准则。"1 g/A"法则要求电枢与轨道之间具备一定的初始接触压力，以保证电枢运动过程中，在电磁力的作用下与轨道之间不发生分离，该压力的值与脉冲电流的幅值有关。但该法则只规定了接触压力的值。苗海玉在此基础上对接触压力的分布进行了研究，提出了基于接触压力分布设计电枢过盈尺寸和形貌的反向加载法[50]。在电磁轨道发射器的工作过程中,电枢与轨道的接触面上不仅受到极大的接触压力,同时承载了兆安级别的电流流动、几百摄氏度的温升,形成了电磁轨道发射器特有的高速载流滑动电接触现象。大量研究表明,这一独特的接触现象是发射器工作过程中接触失效、轨道损伤的重要成因。为了对这一现象进行准确的观测,Aigner 等人设计了用于测量发射器工作过程中摩擦和损伤的新方法,Lin 等人通过耦合仿真分析了电磁力作用下接触压力的变化[72],朱春燕等人基于炮口电压、炮尾电压对不同形式电磁轨道发射器的接触电阻进行了研究[26],Yu 等人采用机器学习的方法对电枢的结构进行了优化[73]。大量的研究表明,在当前技术阶段,过盈配合是改善电枢与轨道接触效能的最有效方法,而多物理场耦合条件下,对高速载流滑动电接触现象的研究仍有待深入。

1.2.3 电磁轨道发射器物理特性计算方法研究现状

电磁轨道发射器工作过程中,伴随着电磁感应、材料结构变形与损伤、材料温升相变等现象,对这些物理现象进行仿真,既是对试验的补充,又有助于认识发射器的工作机理。

通过数值计算研究发射器工作过程中的多物理场耦合现象一直以来都是科研人员的工作重点。20 世纪 90 年代,美国先进技术研究所的 Hsieh 等人设计了一款专门用于求解电磁轨道发射器的三维多物理场耦合有限元仿真软件 EMAP3D[74]。以南京理工大学为代表的国内科研人员也对电磁轨道发射器的数值计算进行了积极探索,自主开发了能够实现电磁-热-结构耦合的有限元仿真程序[24]。张惠娟采用改进的逆风有限元方法求解 $A - \phi - A$ 格式的 Maxwell 方程组,实现了对运动电磁场下速度趋肤效应(VSE)的求解。此外,燕山大学、海军工程大学等国内其他研究单位广泛采用 Ansys、Comsol 等商用仿真软件作为研究工具,对电磁轨道发射器工作过程中的多物理场耦合现象有了比较全面的认识[45]。对于电磁轨道发射器工作过程中的动力学特性:吴金国采用 Ls-dyna 软件进行了研究,分析了材料属性与轨道临界速度之间的关系[75];燕山大学白象忠等人对电磁轨道发射器身管紧固问题进行了研究,对发射器工程设计起到了促进作用[76];沈剑等人对电枢膛内高速运动的稳定性进行了研究,提出了通过调整电阻梯度增强电枢运动稳定性的方法[77]。对于激励电流的电磁相互作用:Qiang 等人对简单电磁轨道发射器的膛内磁场进行了研究,分析了 VSE 对电流分布的影响[78];Lou 等人对增强型电磁轨道发射器中的邻近效应进行了分析,研究了邻近效应对发射器性能的影响[79];杜佩佩等人对电磁轨道发射器电磁场与结构场的耦合关系进行了研究,分析了轨道支撑方式的影响[80]。对于电磁轨道发射器工作过程中的温度变化,赵凌康引入了非傅里叶热效应对发射器工作过程中温度的扩散现象进行了研究[81-82],金文分析了非理想接触对发射器温升的影响[83],林灵淑则对发射器的冷却方法进行了研究[84]。对于发射器工作过程中的轨道损伤情况:金龙文利用 Abaqus 软件,采用微观模型对轨道的刨削损伤进行了研究[85-86];华中科技大学的肖铮[87-88]、西南交通大学的董霖[89]等人分别对滑动电接触条件下轨道的磨损情况进行了分析;河南科技大学的田磊研究了载流滑动条件下的电弧现象及其对摩擦磨损的影响[90];山东大学的浦晓亮采用试验的方法对发射器轨道的刨削损伤进行了分析[91]。

电磁轨道发射器工作过程中涉及的物理现象多样、耦合关系复杂,因此通过解析计算求解电磁轨道发射器的物理特征比较困难[22]。但由于解析计算方法计算速度快、对计算资源要求低,所以其在工程上应用较广,尤其是在电磁力的计算方面,解析法被广泛采用。在数值仿真中,常用虚位移法或麦克斯韦应力张量法计算电磁力[35]。虚位移法基于能量守恒与转化的原理,通过计算假想的无穷小位移上电磁力做功求解电磁力;麦克斯韦应力张量法则根据洛伦兹力公式推导出应力张量表达,并通过高斯定律进行积分求解电磁力[72]。在数值仿真中,这两种方法都是基于微元进行的。为了通过解析计算求解电磁力,科研人员借鉴这两种方法的思路,提出了通过分析电源电能与发射器动能转换关系计算电磁力的方法和采用 Biot-Savart 定律和洛伦兹力公式计算磁场和电磁力的方法。Marshall 博士分析电源电能与发射器动能之间的转换关系,给出了一种根据轨道电感梯度和激励电流幅值计算电枢受到的推力的方法,应用这一方法的关键在于获得准确的电感梯度。1962 年,Grover 提出了一种在电源频率较低的条件下计算矩形轨道电感梯度的方法,并被长期使用[92]。1981年,Kerrisk 提出了一种计算矩形轨道电感梯度的方法,被称为"克里斯克电感梯度"。这种方法对高频条件下简单结构轨道的电感梯度计算比较准确,但仍存在较大的局限性[93]。对于基于 Biot-Savart 定律求解磁场分布进而根据洛伦兹力公式计算电枢受力的计算思路,由于电磁相互作用是通过 Maxwell 方程组这一偏微分方程组描述的,所以这一方法无法获得准确的电流分布,在计算中往往需要一定的近似。除了计算电枢受力外,李小将等人还采用解析计算方法研究了电磁轨道发射器的产热情况和温升现象[49]。通过分析可以看出,上述计算方法的前提是需要获得发射器激励电流随时间变化的曲线。该曲线除了通过试验测量得到外,还可以通过求解脉冲成形网络的响应获取[94-95]。宋耀东等人对多模块 PFN 网络的响应进行了计算[96],金涌等人对变负载脉冲成形网络放电阶段的特性进行了研究[97],林庆华等人分析了 PFN 的浪涌过程并提出了电路硅堆保护的方法[98]。

从国内外科研人员的研究内容来看,不同结构电磁轨道发射器的物理特性存在极大差异,合理的结构设计能够有效改善发射器性能。但受制于电磁轨道发射器严峻的工作条件,发射器的性能测量非常困难,因此仿真仍是探究发射器物理特性的重要手段。

1.2.4 复合型轨道技术研究现状

轨道长寿命技术是电磁轨道发射器走向工程化的关键技术。为延长轨道寿命,提升发射精度,缓解发射过程中轨道出现的损伤,可采用新型的复合型轨道,近年来国内外的科研人员对其进行了多方面的探讨[99-103]。

复合型轨道是指利用复合材料的可设计性,按照性能要求及使用需求,通过材料组分和构型设计相应的轨道。由于铜材料具有良好的导电性,所以轨道多采用铜基复合型轨道。

在铜基复合型轨道的材料组成和制备方面,目前主要有颗粒/铜基复合材料、碳材料/铜基复合材料、硫化物/铜基复合材料和多元多尺度增强相铜基复合材料等。Ahn 等人[104]采用搅拌摩擦焊制备了高硬度的 B_4C/Cu 复合材料;程建奕[105]采用内氧化法制备了强导电性和耐高温性的 $Cu - Al_2O_3$ 弥散强化铜基复合材料;宋克兴团队[106]采用粉末冶金法和内氧化法制

备了 TiB_2/Cu 和 Al_2O_3/Cu 复合材料,并探究了 TiB_2 颗粒含量对轨道整体性能的影响;Pan 等人[107]在铜基体中引入 MoS_2 和 Al_2O_3,采用等离子活化烧结法制备了 $Cu-CNTs-Al_2O_3$ 复合材料;Cui 等人[108]采用电沉积法制备了 GR/Cu 复合材料,研究表明石墨烯会对材料的耐磨性产生影响。

在铜基复合型轨道的损伤机理方面:曹海要等人[109]通过试验研究了铜-金刚石电磁轨道在发射初始阶段的热烧蚀特性,发现其与电流和预紧力密切相关;李雪飞[110]对石墨/铜基复合材料摩擦磨损机制进行了深入分析,发现在载流条件下以机械磨损和电气磨损为主,还伴随着磨粒磨损、电侵蚀磨损和黏着磨损;黄伟等人[111]对 C18150 铜合金材料的轨道损伤行为进行研究,发现轨道损伤在初始阶段以热损伤为主,高速阶段则主要为机械磨损;田振国等人[112]对发射状态下铜基复合型轨道的温度进行分析,发现在轨道内表面和交界面处温度出现了极值;安雪云等人[113]分析了铜基复合型轨道和电枢接触面上的接触应力,发现电枢温升引起的应力对轨道影响较大;Tian 等人[114]将铜基复合型轨道简化为弹性基础梁,得到移动载荷下复合轨道挠度的动态响应;吕庆敖等人[115]通过有限元仿真分析了电磁发射装置的锡合金涂层电枢和轨道的产热机理;Barbara 等人[116]通过试验研究了不同材料轨道在不同发射能量下的损伤程度,发现 Cr/Cu 复合材料轨道在低能量下的损伤较小。

为有效抑制复合型轨道的损伤和延长轨道寿命:Zhang 等人[117]提出了纳米结构和纳米沉淀物的结合增强法,发现该方法可提高 CuCrZr 合金轨道的强度和电导率;孟晓永等人[118]提出可通过合理控制复合层与基体厚度比例来减小电枢和轨道之间的接触应力,改善动态性能;李杨绪等人[119]为解决载流磨损和电弧烧蚀问题,在石墨/铜基复合材料中考虑添加纳米级颗粒添加剂,极大改善了磨损情况;陈帮军等人[120]将鳞片状石墨和人造石墨按一定比例混合后,发现能显著提高铜基粉末冶金摩擦材料的摩擦学性能;Zuhailawati[121]和 Ahn 等人[104]采用高能球磨制备方法得到硬度更大、导电性更强的轨道材料。

对于复合型轨道的研究,国内外科研人员从轨道材料需求入手,对复合型轨道材料的制备方法、载流摩擦损伤机理等进行了研究,并提出了相关的抑制损伤措施。但是对于复合型轨道应用到电磁轨道发射器上,尤其是四极电磁轨道发射器上的相关物理特性研究较少。

本书设计一种双曲增强型四轨电磁发射器结构,并通过数值仿真对该结构发射器的物理特性进行研究。本书的主要研究内容如下:

(1)双曲增强型四轨电磁发射器结构设计。建立不同结构的发射器模型,并对其膛内磁场环境进行研究;建立不同截面形状的轨道模型,并对其抗变形能力和与电枢的配合特性进行研究;设计一种双曲增强型四轨电磁发射器枢轨结构,并针对该结构发射器的馈电问题设计一种双层汇流排结构。

(2)电枢膛内运动过程耦合仿真研究。采用有限元-边界元耦合的方法建立瞬态电磁-热-结构场耦合仿真模型,对电磁轨道发射器的电枢初始装填过程和电枢膛内运动过程进行仿真;通过对发射器的电接触现象和温升现象进行研究,得到发射器动态发射过程中电磁特性、接触特性、温度特性、运动特性随时间变化的规律。

(3)构建四极复合型轨道电磁发射器模型,建立四极复合型轨道电磁发射器的力学模型,对比、分析四极复合型轨道电磁发射器和传统的四极轨道电磁发射器的电流和磁场分布特性,进行四极复合型轨道电磁发射器的电磁-结构耦合分析、电磁-温度耦合分析和电磁-温度-结构耦合分析,探究四极复合型轨道电磁发射器的多物理场耦合特性。

(4)电枢出膛速度数值计算方法。将电枢所受推力的影响因素归结为电流特性与发射器结构两类,并通过电枢推力因子这一指标描述结构参数对电枢所受推力的影响。基于电流扩散方程对发射器的电流分布特性进行研究,在此基础上采用 Biot-Savart 定律计算发射器的磁场和电枢、轨道的受力情况,通过求解脉冲成形网络响应对发射器的激励电流进行分析,采用迭代的方法实现脉冲成形网络求解与 Biot-Savart 定律计算电磁力的耦合,得到电枢、轨道受力的实时变化规律。根据电枢运动控制方程求解电枢的运动特性,最终实现对电枢出膛速度的数值计算。

(5)双曲增强型四轨电磁发射试验平台构建与试验验证。基于双曲增强型四轨电磁发射器结构,对电磁发射器本体、电源系统、采集系统、显示控制系统和试验布局进行分析,构建电磁发射试验平台,并基于该平台进行试验。

第 2 章　双曲增强型四轨电磁发射器结构设计

电磁轨道发射器的结构会极大地影响发射器的性能,合理的结构设计能有效避免发射过程中的磨损、烧蚀、转捩等严重结构损伤,改善发射器的电磁兼容性。本章建立不同结构的电磁轨道发射器模型,对不同结构发射器的膛内磁场环境进行研究;建立不同截面形状的轨道模型,对轨道结构不同的发射器的轨道抗变形能力、初始接触特性和通电接触特性进行比较,并在此基础上提出一种双曲增强型四轨电磁发射器结构,对其身管结构进行设计。

2.1　电磁轨道发射器电磁特性分析

在制约电磁轨道发射器工程化的各因素中,强磁场导致的干扰和大电流引起的烧蚀是最为重要的两个因素。在通过电磁屏蔽技术、脉冲电源技术难以完全改善上述问题的情况下,最直接的思路是通过合理的结构设计改善发射器膛内磁场环境和电流分布。对于一般的双轨电磁轨道发射器而言,两条轨道中相反的电流流向会在膛内激发较大的磁场,推动电枢运动。同时,受电磁感应现象的影响,轨道外侧和电枢前端的磁场强度也比较大,导致发射器对智能抛体的适应性不足,许多测试手段也受到限制,严重制约了电磁轨道发射器的应用。传统的双轨电磁轨道发射器周围的磁场分布情况如图 2.1 所示。图中截面 1、截面 2、截面 3 分别为电枢头部前方 0.3 mm、3 mm、15 mm 处平面上磁场强度分布。

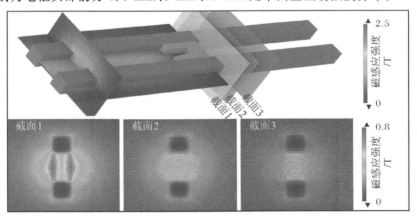

图 2.1　传统双轨电磁发射器磁场分布

可以看出:传统双轨电磁发射器的磁场主要集中于电枢后端、靠近轨道内侧的区域,最大约为 2.5 T,轨道外侧也存在 1 T 左右的磁感应强度;在电枢前端,也有最大达到 0.8 T 的磁感应强度存在。电枢前端的前磁场会极大地干扰电子器件的工作,轨道外侧的磁场会影响测量元件的运行。为了抑制发射器的电磁干扰,本书对四轨电磁发射器进行了研究,图 2.2 为非增强型四轨电磁发射器周围空间磁感应强度分布,图 2.2(a)(b)(c)分别为电枢头部前方 0.3 mm、3 mm、15 mm 位置的磁感应强度分布,图 2.3 为膛内中轴线处双轨和四轨电磁发射器的磁感应强度。可以看出,四轨电磁发射器膛内形成了圆柱形的磁场屏蔽区域。在电枢前端,磁感应强度几乎为零;在电枢后侧,膛内中心区域也保持了较好的磁屏蔽性能。且四轨电磁发射器轨道外侧磁感应强度也较小。但相较于双轨电磁发射器,四轨电磁发射器由于相对的轨道形成的磁场相互抵消,导致总的磁感应强度也被削弱,所以电枢受到的推力也会减小。通过仿真,四轨电磁发射器磁感应强度峰值约为双轨电磁发射器磁感应强度峰值的 40%。

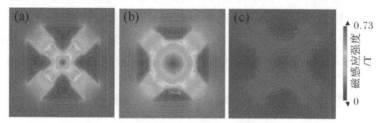

图 2.2　非增强型四轨电磁发射器磁场分布

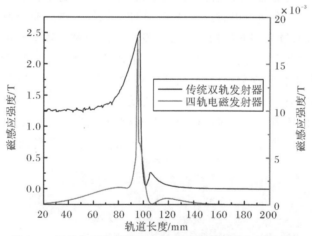

图 2.3　双轨电磁发射器与四轨电磁发射器膛内磁场分布

　　为了克服四轨电磁发射器推力不足的问题,本书通过串联增强的形式对四轨电磁发射器进行改进,在主轨道外侧 2 mm 处设置矩形增强轨道。图 2.4 为发射器磁感应强度分布。图 2.4(a)(b)(c)(d)分别为四个截面上磁感应强度的模。可以看出:在后膛,增强型电磁轨道发射器膛内磁场强度较大,同时膛内中心的圆柱区域仍维持了较好的电磁屏蔽效果;在电枢前端,膛内磁场强度极小,磁场主要集中于主轨与增强轨之间的间隙处。与非增强型四轨电磁发射器相似,增强型四轨电磁发射器轨道外侧磁感应强度也较小。

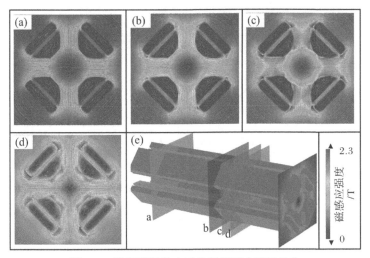

图 2.4　增强型四轨电磁发射器膛内磁场分布

图 2.5 为仿真得到的增强型发射器主轨与增强轨分别提供的推力。可以看出,由于增强型电磁发射器膛内磁场强度增大,电枢受力也随之增大,所以能够获得更大的出膛速度。

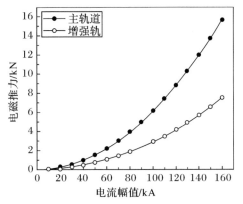

图 2.5　增强型四轨电磁发射器主轨与增强轨推力

2.2　电磁轨道发射器枢轨配合形式设计

在电磁轨道发射器的工作过程中,巨大的电磁力和复杂的机械力导致轨道产生剧烈振动和变形,高速滑动和大幅温升引起枢轨接触状态急剧变化,最终导致轨道刨削、烧蚀、寿命缩短。本节对凹、凸、平三种轨道及电枢的装填过程进行研究,分析枢轨配合中轨道的变形问题和接触问题,为发射器的结构设计提供参考。

图 2.6 为三种轨道及对应电枢的截面结构。图 2.6(a)展示了仿真过程中的电流激励方式,其中虚线表示电流加载于炮尾,实线表示电流加载于炮口;图 2.6(b)展示了发射器的尺寸及凹、凸、平三种轨道的设计方式。三种轨道的基底完全相同;对于平轨道 Type1,轨道与电枢的接触面为平面;对于凸轨道 Type2,轨道与电枢的接触面为与轨道基底侧面相切的圆弧;对于凹轨道 Type3,轨道与电枢的接触面为凸轨道与电枢接触面圆弧的对称弧。

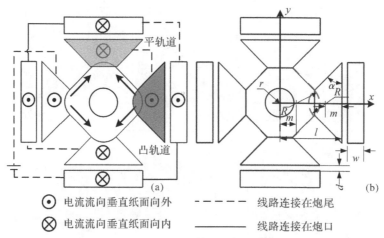

图 2.6 三种轨道与电枢配合

对于三种结构的轨道,根据其几何特征(轴向长度远大于截面大小)和受力特性(电磁力垂直于轴向),可以将其视为弹性基础梁。根据梁的挠曲线微分方程:

$$\frac{\mathrm{d}^2 y}{\mathrm{d}x^2} = -\frac{M(x)}{EI_c} \tag{2.1}$$

式中:$\mathrm{d}^2 y/\mathrm{d}x^2$ 定义了梁变形后的曲率;$M(x)$ 为梁所受力矩;E 为弹性模量;I_c 为梁相对质心的惯性矩。

可知,惯性矩用于衡量结构的抗变形能力,对于同一种材料的轨道,惯性矩越大,抵抗变形的能力越强。惯性矩是轨道截面形状的函数,对于任何形状的轨道,其相对坐标原点的惯性矩可以表示为

$$I_z = \iint_P (x^2 + y^2)\,\mathrm{d}x\,\mathrm{d}y \tag{2.2}$$

式中:积分区域 P 为轨道截面。对于质量均匀分布的梁,根据平行轴定理,该轨道截面相对其形心的惯性矩可以表示为

$$I_c = I_z - x_c^2 S \tag{2.3}$$

式中:S 为轨道截面积;x_c 为轨道截面形心的横坐标。

下面基于图 2.7 所示的坐标系分别求解三种轨道的惯性矩。

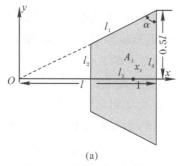

(a)

图 2.7 轨道坐标系与尺寸

(a)Type1

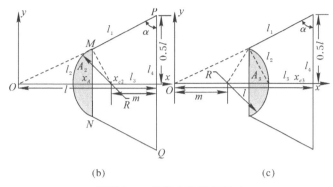

续图 2.7　轨道坐标系与尺寸

（b）Type2；（c）Type3

　　求解惯性矩需要对轨道截面进行积分，由于惯性矩满足叠加定理，所以在计算 Type2 轨道和 Type3 轨道时，可以通过对 A_2 和 A_3 区域积分与 A_1 区域叠加得到。三个区域的积分边界见表 2.1。在设计时，为了保证接触面圆弧 MN 与轨道侧面 PM 和 QN 相切，还需要确保圆弧半径与圆心位置之间满足如下关系：

$$R = (l - m)\cos\alpha \tag{2.4}$$

表 2.1　轨道的积分边界

积分区域	对 x		对 y	
	积分下限	积分上限	积分下限	积分上限
A_1	$l - m - R\cos\alpha$	l	0	$\cot\alpha x$
A_2	$l - m - \sqrt{R^2 - y^2}$	$l - m - R\cos\alpha$	$-R\sin\alpha$	$R\sin\alpha$
A_3	$l - m - R\cos\alpha$	$\sqrt{R^2 - y^2} + m$	$-R\sin\alpha$	$R\sin\alpha$

　　由于轨道截面关于 x 轴对称，所以轨道形心的纵坐标为 0。求解轨道形心的横坐标，即寻找一点 x_c，使直线 $x = x_c$ 左、右两侧面积相等。

　　对 Type1 轨道，令

$$\int_{l-m-R\cos\alpha}^{x_c} \mathrm{d}x \int_0^{\cot\alpha x} \mathrm{d}y = \int_{x_c}^{l} \mathrm{d}x \int_0^{\cot\alpha x} \mathrm{d}y \tag{2.5}$$

得其形心横坐标为

$$x_{c1} = \frac{\sqrt{10}}{4} l$$

通过积分，得到 Type1 轨道的截面积为

$$S_1 = \frac{3}{8} l^2$$

　　为了求解 Type2 轨道和 Type3 轨道的形心，首先需要求解 A_2 与 A_3 区域的面积和形心。通过积分，得到该区域的面积为

$$S_A = S_{A_2} = S_{A_3} = \alpha R^2 + \frac{1}{4} ml - \frac{1}{8} l^2 \tag{2.6}$$

对 A_2 区域,其形心横坐标满足

$$\int_{-R\sin\alpha}^{R\sin\alpha} \mathrm{d}y \int_{l-m-\sqrt{R^2-y^2}}^{x_{A_2}} \mathrm{d}x = \int_{-R\sin\alpha}^{R\sin\alpha} \mathrm{d}y \int_{x_{A_2}}^{l-m-R\cos\alpha} \mathrm{d}x \tag{2.7}$$

化简得

$$2\arccos\frac{x_{A_2}}{R} - x_{A_2}(R-x_{A_2})^{\frac{1}{2}}R^{-\frac{3}{2}} = \alpha - \sin\alpha\cos\alpha \tag{2.8}$$

通过迭代,得到

$$x_{A_2} = 0.663R$$

由于 A_2 区域形心坐标已知,根据几何关系,可得 A_3 区域形心横坐标为

$$x_{A_3} = x_{A_2} + 2(l-m-R\cos\alpha-x_{A_2}) \tag{2.9}$$

由于 A_2 区域与 A_3 区域积分边界比较复杂,所以在计算 A_2 区域与 A_3 区域的惯性矩时,将坐标系转化为极坐标系,极坐标系原点即圆弧圆心。那么 A_2 区域相对极坐标系原点的惯性矩可以表示为

$$I_{p2} = \int_{\pi-\alpha}^{\pi} \mathrm{d}\theta \int_{(l-m-R\cos\alpha)\cot\theta}^{R} r^2 \mathrm{d}r \tag{2.10}$$

解得

$$I_{p2} = 2R^3\alpha - \frac{1}{2}Rl^2\tan(\pi-\alpha) \tag{2.11}$$

连续运用两次平行轴定理,可以求得 A_2 区域相对 Type2 轨道形心惯性矩为

$$I_{A_2} = I_{p2} + [(x_{A_2}-x_{c2})^2 - (x_{r2}-x_{c2})^2]S_A \tag{2.12}$$

式中: I_{A_2} 为 A_2 区域相对 Type2 轨道形心的惯性矩; x_{r2} 为圆弧圆心坐标。

同理可得 A_3 区域相对 Type3 轨道形心的惯性矩 I_{A_3} 为

$$I_{A_3} = I_{p2} + [(x_{A_3}-x_{c3})^2 - (x_{r2}-x_{c3})^2]S_A \tag{2.13}$$

对于 Type1 轨道,对几何区域积分,可得其相对坐标原点的惯性矩为

$$I_{z1} = \frac{5}{32}\tan^{-1}\alpha(\tan^{-2}\alpha+3)l^4 \tag{2.14}$$

那么其相对形心的惯性矩为

$$I_{c1} = I_z - x_c^2 S = I_{z1} - \frac{3}{8}x_{c1}^2 l^2 \tag{2.15}$$

对于 Type2,其形心和面积分别为

$$x_{c2} = \frac{1}{32}\sqrt{11l^2 - 2ml - 8\alpha R^2} \tag{2.16}$$

$$S_2 = \frac{1}{4}l^2 + \alpha R^2 + \frac{1}{4}ml \tag{2.17}$$

那么,对 Type1 轨道采用平行轴定理即可求得 Type2 轨道中梯形区域的惯性矩,再使用叠加定理将 A_2 区域纳入计算,即可得到 Type2 轨道的惯性矩为

$$I_{c2} = I_{z1} - x_{c2}^2 S_1 + I_{A_2} \tag{2.18}$$

对于 Type3,其形心和面积分别为

$$x_{c3} = \frac{1}{32}\sqrt{9l^2 + 2ml + 8\alpha R^2} \tag{2.19}$$

$$S_3 = \frac{1}{2}l^2 - \alpha R^2 - \frac{1}{4}ml \tag{2.20}$$

采用与计算 I_{c2} 相同的方法,得到 Type3 轨道相对形心的惯性矩为

$$I_{c3} = I_{z1} - x_{c3}^2 S_1 + I_{A_3} \tag{2.21}$$

图 2.8 为不同参数条件下三种轨道的惯性矩。

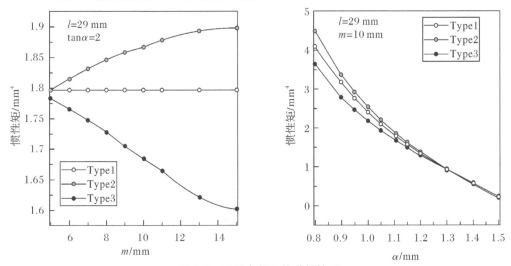

图 2.8 不同参数下轨道惯性矩

图 2.9 为电枢装填后三种轨道的应力分布,图 2.10 为装填后三种轨道的变形量云图。显然,对于本书所研究的三种轨道,凸轨道(Type2)抗弯曲能力最好。可以看出,电枢装填后平轨道(Type1)与凹轨道(Type3)变形量较大,凸轨道(Type2)变形量远小于另外两种轨道,这与惯性矩的计算结果一致。此外,电枢装填后凹轨道上应力累积较大,尤其集中于轨道内表面弧形两端,平轨道和凸轨道上应力累积更小,表明这两种轨道在重复发射条件下应有更长的寿命。

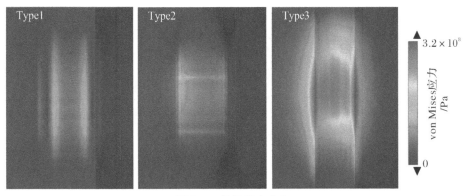

图 2.9 轨道应力分布

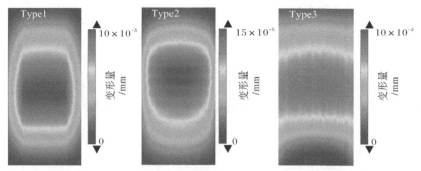

图 2.10　轨道变形量云图

图 2.11 为三种电枢装填后接触面上接触压力的分布情况,三种电枢的最大过盈量均为 0.14 mm。

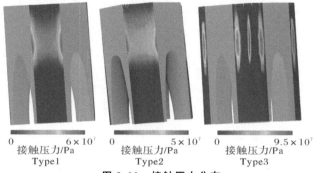

图 2.11　接触压力分布

发射器通电后,受电磁力的影响,轨道会出现向外扩张的趋势,导致接触失效。根据 Marshall 博士的研究,为了使电枢与轨道之间保持良好接触,通常需要枢轨接触压力与激励电流之间满足"1 g/A"的基本关系,即当以 1 kA 电流作为发射器的激励时,需要为电枢与轨道提供至少 1 kg(9.8 N)的接触压力。因此,本书对电枢装填后和通电后的状态进行研究。从图 2.11 中可以看出,三种枢轨配合形式均会在接触面外侧形成压力集中区域,在电枢臂尾端形成压力为零的接触分离区域。为了进一步分析电枢装填后的枢轨接触状态,对接触面上总接触压力 F_{con} 和各节点的受力进行了统计。定义全部节点接触压力的标准差为 SD,用来度量接触压力分布的均匀程度;节点上接触压力大于 0 的节点个数与接触面全部节点个数之比为接触区域占比 CA;节点上接触压力大于"1 g/A"所需接触压力 f_m 的节点个数与接触面全部节点个数之比为有效接触区域占比 ECA。三个参数的定义如下:

$$SD = \left[\frac{\sum_{i=1}^{n} (f_i - f_{avg})}{n} \right]^{\frac{1}{2}} \tag{2.22}$$

$$CA = \frac{\sum_{i=1}^{n} (f_i \geqslant 0?\ 1:0)}{n} \tag{2.23}$$

$$ECA = \frac{\sum_{i=1}^{n} (f_i \geqslant f_m?\ 1:0)}{n} \tag{2.24}$$

式中:n 为接触面上总节点个数;f_i 为编号为 i 的节点上接触力的大小;f_{avg} 为接触面上各节点接触力的平均值。判别式($f_i > f_m$? 1:0)表示,当满足 $f_i > f_m$ 时,该式值为 1,否则为 0。

对图 2.11 中各节点接触力进行统计,结果见表 2.2。

表 2.2　初始接触参数统计结果

配合形式	F_{con}/N	P_{max}/Pa	SD	CA/(%)	ECA/(%)
Type1	8.48×10^3	5.95×10^7	47.46	44.4	8.4
Type2	8.06×10^3	4.98×10^7	52.19	43.5	11.4
Type3	1.71×10^4	9.43×10^7	93.97	19.1	15.1

通过表 2.2 可以看出:在过盈量相同的条件下,凹轨道与电枢的配合产生的总接触压力最大,但接触压力的分布更不均匀,接触区域占比 CA 与有效接触区域占比 ECA 接近,表明凹轨道接触压力分布更集中;凸轨道和平轨道配合后产生的总接触压力接近,虽然小于凹轨道配合后产生的接触压力,但仍满足"1 g/A"法则对接触压力的要求。观察接触压力分布的标准差可以看出,平轨道和凸轨道配合后产生的接触压力分布更加均匀。观察接触区域占比 CA 和有效接触区域占比 ECA 这两个参数可以看出,平轨道与凸轨道接触区域占比为凹轨道的两倍以上,但有效接触区域 ECA 占比小于凹轨道,表明凹轨道的接触区域更小、接触压力分布更集中。凸轨道与平轨道相比,有效接触区域占比更大,且由于凸轨道与电枢配合的接触面面积远大于平轨道,所以有效接触区域面积更大。

电磁轨道发射器接通电源后,流经电枢的电流与磁场相互作用产生电磁力,迫使电枢臂与轨道接触、紧贴在轨道表面。相较于初始接触,电磁力与初始接触压力共同作用下的枢轨接触状态往往更值得关注。图 2.12 为通电后发射器接触压力分布情况。通过分析云图可以看出,凸轨道和平轨道接触面上接触压力集中于轨道两侧,凹轨道接触压力更集中于接触面中心。对比三种结构的轨道,凹轨道接触压力分布更加集中,平轨道接触区域更小,凸轨道接触区域最大且接触压力分布比较均匀。与图 2.11 的结果对比可知,电磁力引起的接触压力作用效果从电枢装填后接触压力集中的区域开始向四周扩散。

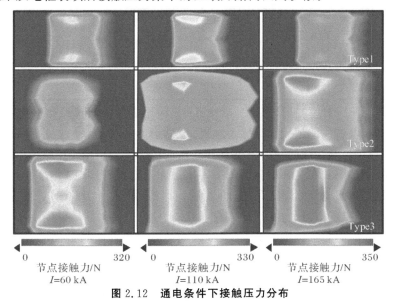

图 2.12　通电条件下接触压力分布

为了进一步分析通电状态下的枢轨接触特性,对表 2.2 给出的几个参数在不同电流条件下的数值进行了统计,结果如图 2.13 所示。

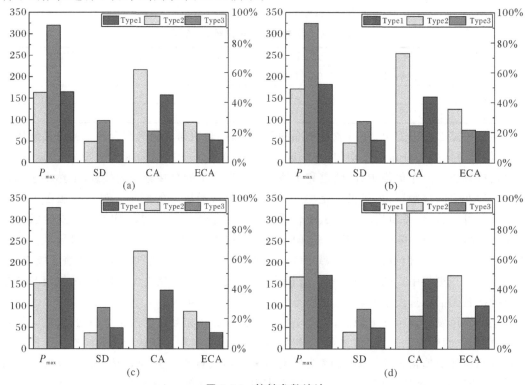

图 2.13　接触参数统计

(a)$I=60$ kA;(b)$I=110$ kA;(c)$I=140$ kA;(d)$I=165$ kA

另外,在图 2.13 所示的几个电流幅值下,三种轨道与电枢之间的总接触压力见表 2.3。

表 2.3　不同电流幅值下总接触压力

电流幅值/kA		0	60	110	140	165
F_{con}/N	Type1	8.48×10^3	9.74×10^3	1.27×10^4	1.43×10^4	1.57×10^4
	Type2	8.06×10^3	8.35×10^3	9.25×10^3	1.10×10^4	1.36×10^4
	Type3	1.71×10^4	1.74×10^4	1.83×10^4	1.98×10^4	2.26×10^4

对比分析三种轨道的接触状态可以看出:①三种轨道接触面上总接触力变化趋势与电流变化趋势相同,电流幅值越大总接触力越大,但接触力的峰值受电流幅值影响不大,总力的增大主要体现在接触区域面积的增加。②凸轨道接触区域和有效接触区域的面积随电流幅值变化明显,接触面积在三种配合形式中占比最大,接触力分布的方差最小,表明凸轨道接触力分布最均匀;当电流幅值达到 165 kA 时,接触区域达到接触面的 90% 以上,电枢装填后的接触分离现象基本消失。③凹轨道接触区域和有效接触区域的面积随电流幅值的增大变化趋势不明显,而总接触压力增大,接触区域与有效接触区域占比接近,表明增大的接触压力主要集中于初始接触时的接触区域,接触压力分布最集中。这一点也从凹轨道接触力分布方差最大中体现出来。④平轨道接触区域和有效接触区域的面积也体现出随电流幅值变化的趋势,但不明显,总体而言平轨道的接触效果介于凸轨道与凹轨道之间。

通过对电枢装填后轨道变形情况和接触压力分布情况的分析,可以看出,凸轨道与电枢的配合在电磁轨道发射器的设计中更具有优势。

2.3　双曲增强型四轨电磁发射器身管设计

本书设计的双曲增强型四轨电磁发射器枢轨系统结构如图 2.14(a)所示。4 条主轨道和 4 条增强轨绕电枢呈 90°阵列分布,增强轨在主轨外侧平行放置,增强轨内表面与主轨道外表面之间距离 2 mm。

在加载电流时,确保对侧轨道电流流向相同、相邻的轨道电流流向相反、增强轨与对应的主轨道电流流向相同、各轨道电流幅值一致。轨道中的电流产生磁场并与电枢中的电流相互作用,使电枢受力并沿 z 轴正方向运动。根据电磁感应定律和洛伦兹力公式,基于完全对称的发射器结构,所设计的发射器膛内磁场呈对称分布,发射器各轨道受力方式也相同,有利于发射器的结构稳定。

所设计的发射器采用固体电枢连接轨道,电枢中部镂空,在不影响电枢强度的前提下为弹药装载提供空间;电枢与轨道之间通过长度为 25 mm 的电枢臂进行过盈配合,以保证枢轨可靠接触;电枢头部厚度为 15 mm,目的在于提升电枢承载能力、减小电枢前端温升。电枢结构如图 2.14(b)所示。

电磁轨道发射器的工作需要极大的电流,单个脉冲放电电路一般难以满足要求。为此,通常使用多组脉冲放电模块组成脉冲成形网络(PFN),这就需要在发射器结构上保证多组正、负极电源的汇入。本发射器结构比较复杂,包括 4 根主轨道与 4 根增强轨,采用两组电源分别供电,电路连接方式如图 2.14(c)所示。其中,红色表示电源正极,蓝色表示电源负极,细线表示加载电流的同轴电缆从炮尾连接,粗线表示同轴电缆从炮口连接,两组电源正极和负极均从炮尾汇流排接入轨道。

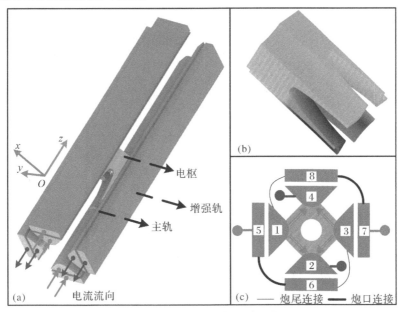

图 2.14　发射器枢轨系统结构

为了在工程上实现这一电源馈电方法,同时考虑到轨道的紧固、绝缘,设计了如图2.15所示的发射器身管结构。

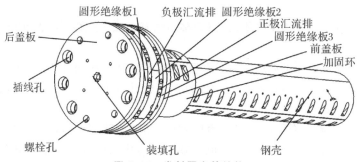

图2.15 发射器身管结构

图2.15中从左至右依次为后盖板、圆形绝缘板1、负极汇流排、圆形绝缘板2、正极汇流排、圆形绝缘板3、前盖板、加固环、钢壳。三块环氧材料制成的圆形绝缘板用来绝缘负极汇流排和正极汇流排,其上开有插线孔、螺栓孔和装填孔。加载电流的同轴电缆从插线孔插入,在汇流排侧边用压块压实,通过底部中心的孔进行电枢装填。

电磁轨道发射器在工作过程中,由于制造误差、发射状态不理想等因素,可能出现两组电源负极接地点电势不一致的情况,导致汇流排上出现电弧、电火花等,危害发射安全。因此,传统的整体汇流排不再适用。本书设计了一种双层汇流排结构,将正极汇流排与负极汇流排安装在炮尾端,并通过绝缘隔板进行隔离;同时将负极汇流排拆分成两个半圆柱体,两片负极汇流排之间通过绝缘隔板进行绝缘,主轨道上引出的导电条通过紧固螺母与负极汇流排固定,确保轨道与负极汇流排、电源负极接触良好。发射器汇流排结构如图2.16所示。正极汇流排结构与负极汇流排类似。

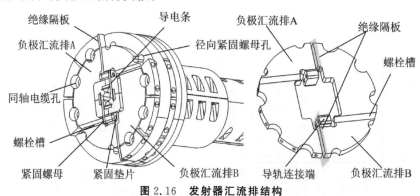

图2.16 发射器汇流排结构

在炮口端,采用半环形连接条对增强轨进行连接,将轨道5与轨道6、轨道7与轨道8连接在一起;在炮尾端,采用直角连接块将轨道1与轨道8、轨道3与轨道6进行连接。

对发射器轨道的紧固、绝缘和支撑部件主要包括发射器身管外壳、轨道间绝缘支撑部件和轨道与外壳之间的绝缘支撑部件。身管外壳由两个半环形壳体组成,使用紧固螺栓连接,用于对发射器轨道的支撑固定。考虑到发射初始阶段电枢运动时间较长、轨道受力较大,在身管外侧使用加固环进行加固。加固环结构与身管外壳相同,紧固螺栓安装方向与外壳紧固螺栓安装方向相互正交,以加强外壳紧固能力。身管外壳结构如图 2.17 所示。

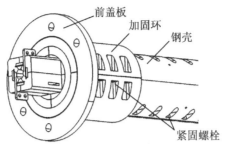

图 2.17 发射器身管壳体

在发射器身管内,为了实现对轨道的绝缘和支撑,使用四块环氧材料组成绝缘支撑部件,其结构如图 2.18 所示。在炮尾部分,为便于汇流排与导电条的连接,将绝缘支撑部件外侧切削成方形;膛内绝缘支撑部件外侧呈圆形,填充满钢壳内侧,以确保发射过程中支撑稳定、减少振动。主轨道与增强轨之间的间隙使用绝缘隔板填充,其宽度略大于轨道宽度,目的是确保主轨道与增强轨之间的绝缘性能,防止出现电弧击穿现象。

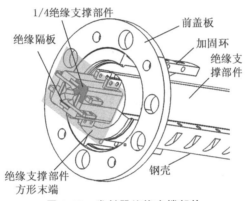

图 2.18 发射器绝缘支撑部件

2.4 小 结

本章建立了普通双轨电磁发射器、四轨电磁发射器和增强型四轨电磁发射器模型,分析了三种发射器的磁感应强度分布情况和电枢所受推力;建立了凹、凸、平三种截面形状的轨道模型,计算了不同参数下三种轨道的惯性矩,用以衡量轨道的抗变形能力,并采用有限元仿真研究了三种轨道与电枢过盈配合的初始接触问题和双曲增强型四轨电磁发射器的通电接触问题。结果表明,双曲增强型四轨电磁发射器结构能够有效改善发射器的膛内电磁环境和接触效能,进而提升发射器的性能表现。基于对发射器结构的分析,本章设计了一种双曲增强型四轨电磁发射器。

第3章　双曲增强型四极电磁轨道发射器电磁推力分析

本章针对双曲增强型四极电磁轨道发射器模型，在对电枢内电流密度简化的情况下，利用毕奥-萨伐尔定律推导出电枢上任意位置的磁场强度表达式和电枢所受电磁推力的表达式。通过数值计算，分析增强型电磁轨道发射器电磁推力特性及发射器的结构参数对电磁推力的影响规律。

3.1　电磁发射器模型

如图 3.1 所示，位于内侧的轨道 3、轨道 4、轨道 7、轨道 8 为主轨道，位于外侧的轨道 1、轨道 2、轨道 5、轨道 6 为背场轨道。主轨道与背场轨道的连接方式为串联方式。脉冲电流从轨道 1、轨道 5 流入，从轨道轨道 4、轨道 8 流出。电流流向的路径为轨道 1→轨道 2→轨道 3→电枢→轨道 4 和轨道 8，以及轨道 5→轨道 6→轨道 7→电枢→轨道 4 和轨道 8，由于电流从轨道流向电枢时会分开流向相邻的两个轨道轨道 4 和轨道 8，所以电枢上的电流是轨道上电流的一半，从内侧左、右两轨道轨道 3 和轨道 7 流向内侧上、下两轨道轨道 4 和轨道 8。电枢运动的方向为 z 轴正方向。

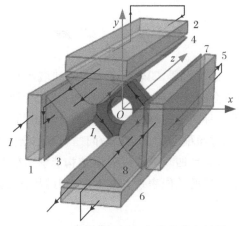

图 3.1　双曲增强型四极电磁轨道发射器

图 3.2 为双曲串联增强型四极轨道电磁发射模型的轴测图,其中,m 是主轨道载流长度,l 是背场轨载流长度,h 是背场轨高度,w_2 是背场轨截面的宽度,d 是主轨道与背场轨的距离,n 是电枢的厚度。

图 3.3 为双曲串联增强型四极轨道电磁发射器模型的主视图,其中,b 为电枢口径,R 为电枢中心挖孔的半径,r 为电枢和主轨道接触区域曲面半径,d 为主轨道与背场轨之间的间距,w_1 为主轨道截面宽度(不包含曲线部分),w_2 为背场轨截面宽度,h 为轨道高度。

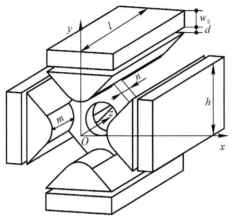

图 3.2　双曲串联增强型电磁发射器示意图

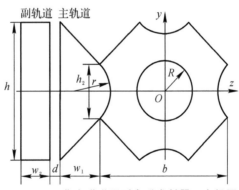

图 3.3　双曲串联增强型电磁发射器示主视图

3.2　磁场强度分析

3.2.1　毕奥-萨伐尔定律

研究电枢在轨道上的受力情况首先需要研究载流直导线在磁场中的受力情况,而磁场是由载流直轨道所激发的,因此,研究载流直轨道激发的磁场强度问题是研究电枢受力情况的必要前提。

根据毕奥-萨伐尔定律可知,电流元在空间一点产生的磁场为

$$\left. \begin{array}{l} \mathrm{d}\boldsymbol{B} = \dfrac{\mu_0}{4\pi} \dfrac{I\,\mathrm{d}\boldsymbol{l} \times \boldsymbol{r}}{r^3} \\[3mm] \mathrm{d}B = \dfrac{\mu_0}{4\pi} \dfrac{I\,\mathrm{d}l\,\sin\theta}{r^2} \end{array} \right\} \tag{3.1}$$

式中：真空磁导率 $\mu_0 = 4\pi \times 10^{-7}\ \mathrm{N \cdot A^{-2}}$。

如图 3.4 所示，导线在点 P 处的磁感强度为

$$\boldsymbol{B} = \int \mathrm{d}\boldsymbol{B} = \int_l \frac{\mu_0 I}{4\pi} \frac{I\,\mathrm{d}\boldsymbol{l} \times \boldsymbol{r}}{r^3} \tag{3.2}$$

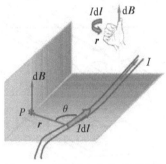

图 3.4　电流元产生的磁场强度

如图 3.5 所示，对于一定长度的载流直导线 CD 在点 P 处的磁感强度为

$$\left. \begin{array}{l} \mathrm{d}\boldsymbol{B} = \dfrac{\mu_0}{4\pi} \dfrac{I\,\mathrm{d}\boldsymbol{l} \times \boldsymbol{r}}{r^3} \\[3mm] \mathrm{d}B = \dfrac{\mu_0}{4\pi} \dfrac{I\,\mathrm{d}y\,\sin\theta}{r^2} \end{array} \right\} \tag{3.3}$$

$$\left. \begin{array}{l} \boldsymbol{B} = B_z\boldsymbol{i} = \int -\mathrm{d}B\boldsymbol{i} = -\dfrac{\mu_0}{4\pi} \displaystyle\int_{CD} \dfrac{I\,\mathrm{d}y\,\sin\theta}{r^2}\boldsymbol{i} \\[4mm] B_z = -\dfrac{\mu_0 I}{4\pi r_0} \displaystyle\int_{\theta_1}^{\theta_2} \sin\theta\,\mathrm{d}\theta = -\dfrac{\mu_0 I}{4\pi r_0}(\cos\theta_1 - \cos\theta_2) \end{array} \right\} \tag{3.4}$$

$\boldsymbol{B}$ 方向沿 z 轴负方向，大小为

$$B = \frac{\mu_0 I}{4\pi r_0}(\cos\theta_1 - \cos\theta_2) \tag{3.5}$$

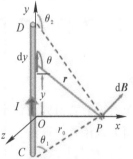

图 3.5　载流直导线的磁感强度

3.2.2 磁场强度计算

轨道中电流分布的复杂性导致对载流轨道产生的磁场强度进行理论分析将异常复杂。因此,对轨道中的电流分布进行均匀化假设,这样就将载流轨道的磁场强度计算问题转换为多条载流直导线的磁场强度计算问题。

图 3.6 为长度为 l、电流为 I 的载流直导线 CD 在点 $P(x,y,z)$ 处产生的磁场示意图。其中,CD 平行于 z 轴,$P_1(x,y_0,z)$ 为点 P 在 $y=y_0$ 平面的投影,$P_2(x_0,y_0,z)$ 为点 P 在 CD 上的垂足。平面 $y=y_0$(即平面 CP_1P_2)平行于 xOz 平面,CD 与平面 PP_1P_2 垂直,P 到 CD 的距离为 r_0,CP、DP 与 CD 的夹角分别为 θ_1 和 θ_2。B 为磁场强度,PB 垂直于平面 CPD。

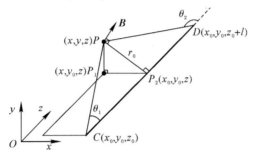

图 3.6　载流直导线 CD 在点 P 处的磁场强度

由图 3.6 中的几何关系可得

$$\left.\begin{aligned}
\cos\theta_1 &= \frac{CP_2}{CP} = \frac{z-z_0}{\sqrt{r^2+(z-z_0)^2}} \\
\cos\theta_2 &= -\frac{DP_2}{DP} = \frac{z-z_0-l}{\sqrt{r^2+(z-z_0-l)^2}} \\
r_0 &= \sqrt{(P_1P_2)^2+(PP_1)^2} = \sqrt{(x-x_0)^2+(y-y_0)^2}
\end{aligned}\right\} \tag{3.6}$$

从图 3.6 可以看出,载流直导线 CD 在点 P 产生的磁场强度 B,其方向由 $\overrightarrow{CD}\times\overrightarrow{P_2P}$ 确定,大小由式(3.5)和式(3.6)确定。因此,载流直导线 CD 在点 P 处产生的磁场强度为

$$\begin{aligned}
B &= \frac{\mu_0 I}{4\pi r_0}(\cos\theta_1-\cos\theta_2)\mathbf{e}_B \\
&= \frac{\mu_0 I}{4\pi}\frac{z-z_0}{\sqrt{(x-x_0)^2+(y-y_0)^2+(z-z_0)^2}}\frac{(y-y_0)\mathbf{i}-(x-x_0)\mathbf{j}}{(y-y_0)^2+(x-x_0)^2} - \\
&\quad \frac{\mu_0 I}{4\pi}\frac{z-z_0-l}{\sqrt{(x-x_0)^2+(y-y_0)^2+(z-z_0-l)^2}}\frac{(y-y_0)\mathbf{i}-(x-x_0)\mathbf{j}}{(y-y_0)^2+(x-x_0)^2}
\end{aligned} \tag{3.7}$$

$$\mathbf{e}_B = \frac{\overrightarrow{CD}\times\overrightarrow{P_2P}}{|\overrightarrow{CD}\times\overrightarrow{P_2P}|} = \frac{(y-y_0)\mathbf{i}-(x-x_0)\mathbf{j}}{\sqrt{(y-y_0)^2+(x-x_0)^2}} \tag{3.8}$$

式中:$\mathbf{i}$、$\mathbf{j}$、$\mathbf{k}$ 分别为 x、y、z 轴的单位向量;$\mathbf{e}_B$ 为磁场强度 B 的单位向量。

如图 3.7 所示,在轨道的端面建立坐标系。主轨道上坐标为 (x_0,y_0,z_0) 的电流元为 $I/S_{主}\,\mathrm{d}\sigma = I/S_{主}\,\mathrm{d}x\mathrm{d}y$,背场轨上坐标为 (x_0,y_0,z_0) 的电流元为 $I/S_{副}\,\mathrm{d}\sigma = I/hw_2\,\mathrm{d}x\mathrm{d}y$。其

中，$S_主$ 为主轨道端面面积，$S_副$ 为背场轨端面面积。由于轨道端面在 xOy 平面上，所以 $z_0 = 0$。

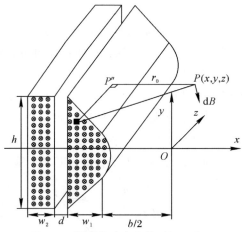

图 3.7   轨道电流产生的磁场强度图

主轨道在点 $P(x, y, z)$ 处产生的磁场强度为

$$\mathrm{d}\boldsymbol{B} = \frac{\mu_0 I}{4\pi r_0 S_主} (\cos\theta_1 - \cos\theta_2) \boldsymbol{e}_B \mathrm{d}x\mathrm{d}y$$

$$= \frac{\mu_0 I}{4\pi S_主} \frac{z}{\sqrt{(x-x_0)^2 + (y-y_0)^2 + z^2}} \frac{(y-y_0)\boldsymbol{i} - (x-x_0)\boldsymbol{j}}{(y-y_0)^2 + (x-x_0)^2} \mathrm{d}x\mathrm{d}y -$$

$$\frac{\mu_0 I}{4\pi S_主} \frac{z-m}{\sqrt{(x-x_0)^2 + (y-y_0)^2 + (z-m)^2}} \frac{(y-y_0)\boldsymbol{i} - (x-x_0)\boldsymbol{j}}{(y-y_0)^2 + (x-x_0)^2} \mathrm{d}x\mathrm{d}y \quad (3.9)$$

其中，$S_主$ 可由图 3.8 所示几何关系求得：

$$S_主 = \frac{w_1(h+h_2)}{2} + \frac{\pi r^2}{4} - \frac{r^2}{2} \quad (3.10)$$

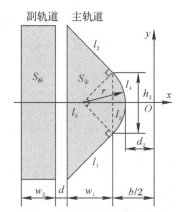

图 3.8   轨道端面结构示意图

背场轨在点 $P(x, y, z)$ 处产生的磁场强度为

$$\mathrm{d}\boldsymbol{B} = \frac{\mu_0 I}{4\pi r_0 S_副} (\cos\theta_1 - \cos\theta_2) \boldsymbol{e}_B \mathrm{d}x\mathrm{d}y$$

$$= \frac{\mu_0 I}{4\pi h w_2} \frac{z}{\sqrt{(x-x_0)^2+(y-y_0)^2+z^2}} \frac{(y-y_0)\boldsymbol{i}-(x-x_0)\boldsymbol{j}}{(y-y_0)^2+(x-x_0)^2} \mathrm{d}x\,\mathrm{d}y -$$

$$\frac{\mu_0 I}{4\pi h w_2} \frac{z-l}{\sqrt{(x-x_0)^2+(y-y_0)^2+(z-l)^2}} \frac{(y-y_0)\boldsymbol{i}-(x-x_0)\boldsymbol{j}}{(y-y_0)^2+(x-x_0)^2} \mathrm{d}x\,\mathrm{d}y \quad (3.11)$$

如图 3.8 所示,主轨道的端面轮廓线由 5 条线段(l_1、l_2、l_3、l_4 和 l_5)组成。主轨道在点 P 处产生的磁场强度由式(3.9)对其端面积分求得,将积分区域分为 $x>b/2$ 和 $x\leqslant b/2$ 两部分。其中,l_1、l_2、l_3、l_4 的方程分别为

$$\left.\begin{array}{l} l_1: y=x+\dfrac{b-h_2}{2},\text{令 } \alpha_1=x+\dfrac{b-h_2}{2} \\[2mm] l_2: y=-x-\dfrac{b-h_2}{2},\text{令 } \alpha_2=-x-\dfrac{b-h_2}{2} \\[2mm] l_3: y=\sqrt{r^2-\left(x+\dfrac{b+h_2}{2}\right)^2},\text{令 } \alpha_3=\sqrt{r^2-\left(x+\dfrac{b+h_2}{2}\right)^2} \\[2mm] l_4: y=-\sqrt{r^2-\left(x+\dfrac{b+h_2}{2}\right)^2},\text{令 } \alpha_4=-\sqrt{r^2-\left(x+\dfrac{b+h_2}{2}\right)^2} \end{array}\right\} \quad (3.12)$$

主轨道在点 $P(x,y,z)$ 处产生的磁场强度为

$$\boldsymbol{B}_{\text{主}}=\frac{\mu_0 I}{4\pi r_0 S_{\text{主}}} \int_{-b/2-w_1}^{-b/2} \int_{\alpha_1}^{\alpha_2} (\cos\theta_1-\cos\theta_2)\boldsymbol{e}_B \mathrm{d}y\,\mathrm{d}x + \frac{\mu_0 I}{4\pi r_0 S_{\text{主}}} \int_{-b/2}^{-d_2} \int_{\alpha_3}^{\alpha_4} (\cos\theta_1-\cos\theta_2)\boldsymbol{e}_B \mathrm{d}y\,\mathrm{d}x$$

$$= \frac{\mu_0 I}{4\pi S_{\text{主}}} \int_{-b/2-w_1}^{-b/2} \int_{\alpha_1}^{\alpha_2} \frac{z}{\sqrt{(x-x_0)^2+(y-y_0)^2+z^2}} \frac{(y-y_0)\boldsymbol{i}-(x-x_0)\boldsymbol{j}}{(y-y_0)^2+(x-x_0)^2} \mathrm{d}y\,\mathrm{d}x -$$

$$\frac{\mu_0 I}{4\pi S_{\text{主}}} \int_{-b/2-w_1}^{-b/2} \int_{\alpha_1}^{\alpha_2} \frac{z-m}{\sqrt{(x-x_0)^2+(y-y_0)^2+(z-m)^2}} \frac{(y-y_0)\boldsymbol{i}-(x-x_0)\boldsymbol{j}}{(y-y_0)^2+(x-x_0)^2} \mathrm{d}y\,\mathrm{d}x +$$

$$\frac{\mu_0 I}{4\pi r_0 S_{\text{主}}} \int_{-b/2}^{-d_2} \int_{\alpha_3}^{\alpha_4} \frac{z}{\sqrt{(x-x_0)^2+(y-y_0)^2+z^2}} \frac{(y-y_0)\boldsymbol{i}-(x-x_0)\boldsymbol{j}}{(y-y_0)^2+(x-x_0)^2} \mathrm{d}y\,\mathrm{d}x -$$

$$\frac{\mu_0 I}{4\pi r_0 S_{\text{主}}} \int_{-b/2}^{-d_2} \int_{\alpha_3}^{\alpha_4} \frac{z-m}{\sqrt{(x-x_0)^2+(y-y_0)^2+(z-m)^2}} \times$$

$$\frac{(y-y_0)\boldsymbol{i}-(x-x_0)\boldsymbol{j}}{(y-y_0)^2+(x-x_0)^2} \mathrm{d}y\,\mathrm{d}x \quad (3.13)$$

同理,背场轨在点 $P(x,y,z)$ 处产生的磁场强度为

$$\boldsymbol{B}_{\text{副}}=\frac{\mu_0 I}{4\pi r_0 S_{\text{副}}} \int_{-b/2-w_1-d-w_2}^{-b/2-w_1-d} \int_{-h/2}^{h/2} (\cos\theta_1-\cos\theta_2)\boldsymbol{e}_B \mathrm{d}y\,\mathrm{d}x$$

$$= \frac{\mu_0 I}{4\pi h w_2} \int_{-b/2-w_1-d-w_2}^{-b/2-w_1-d} \int_{-h/2}^{h/2} \frac{z}{\sqrt{(x-x_0)^2+(y-y_0)^2+z^2}} \frac{(y-y_0)\boldsymbol{i}-(x-x_0)\boldsymbol{j}}{(y-y_0)^2+(x-x_0)^2} \mathrm{d}y\,\mathrm{d}x -$$

$$\frac{\mu_0 I}{4\pi h w_2} \int_{-b/2-w_1-d-w_2}^{-b/2-w_1-d} \int_{-h/2}^{h/2} \frac{z-l}{\sqrt{(x-x_0)^2+(y-y_0)^2+(z-l)^2}} \times$$

$$\frac{(y-y_0)\boldsymbol{i}-(x-x_0)\boldsymbol{j}}{(y-y_0)^2+(x-x_0)^2} \mathrm{d}y\,\mathrm{d}x \quad (3.14)$$

3.3 电枢受力分析

电枢所受到的电磁推力归根结底是由流过电枢的电流在轨道激发的磁场中所受到的洛伦兹力引起的。因此,电枢上电流的分布特性对研究电磁推力至关重要。由于电枢与轨道采用双曲配合,所以其几何形状比较复杂。虽然电枢内电流流向比较复杂,但是总体趋势是有规律的。当对电枢所受到的电磁推力进行理论计算时,可将电枢内的电流进行简化处理。在进行简化处理时,认为电枢中的电流在沿电枢厚度方向是均匀分布的,并且根据电枢的几何形状和电流的分布特点,对电枢内电流的流向及分布进行简化,简化结果如图 3.9 所示。

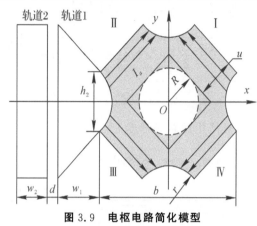

图 3.9 电枢电路简化模型

图 3.10 为电枢在第一象限部分的局部放大图,阴影部分为电枢,易知 $\triangle ABC$、$\triangle ABD$ 和 $\triangle EFB$ 均为等腰直角三角形。$AE = b/2$,$EF = h_2/2$,由几何关系可求得

$$u = \frac{\sqrt{2}}{4}(b + h_2) - R \tag{3.15}$$

由图 3.9 可以看出,电枢内电流主要分为四个部分。这四个部分分别位于坐标系的四个象限,记为 Ⅰ、Ⅱ、Ⅲ、Ⅳ,四个部分电流的方向互不相同,但是每个部分内部的电流方向是一致的。因此,根据电枢内电流的分布情况,可将电枢受到的电磁推力按坐标象限分为四部分。电枢内各个象限的电流微元向量表示为

$$
\left.
\begin{array}{l}
\text{Ⅰ象限:} \mathrm{d}\boldsymbol{I}_1 = \dfrac{I_a}{mu}\left(-\dfrac{\sqrt{2}}{2}, \dfrac{\sqrt{2}}{2}, 0\right)\mathrm{d}x\,\mathrm{d}y\,\mathrm{d}z \\[2mm]
\text{Ⅱ象限:} \mathrm{d}\boldsymbol{I}_2 = \dfrac{I_a}{mu}\left(\dfrac{\sqrt{2}}{2}, \dfrac{\sqrt{2}}{2}, 0\right)\mathrm{d}x\,\mathrm{d}y\,\mathrm{d}z \\[2mm]
\text{Ⅲ象限:} \mathrm{d}\boldsymbol{I}_3 = \dfrac{I_a}{mu}\left(\dfrac{\sqrt{2}}{2}, -\dfrac{\sqrt{2}}{2}, 0\right)\mathrm{d}x\,\mathrm{d}y\,\mathrm{d}z \\[2mm]
\text{Ⅳ象限:} \mathrm{d}\boldsymbol{I}_4 = \dfrac{I_a}{mu}\left(-\dfrac{\sqrt{2}}{2}, -\dfrac{\sqrt{2}}{2}, 0\right)\mathrm{d}x\,\mathrm{d}y\,\mathrm{d}z
\end{array}
\right\} \tag{3.16}
$$

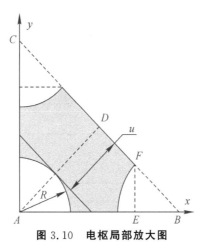

图 3.10　电枢局部放大图

由于电流从轨道流向电枢时会分开流向相邻的两个轨道,所以电枢上的电流是轨道上电流的一半,即 $I_a = I/2$。

在计算轨道对电枢产生的电磁推力时,由轨道和电枢的对称性和电磁强度叠加原理可知:主轨道和背场轨产生的电磁推力可分别计算然后叠加,主轨道和背场轨各自的四条轨道也可分别单独计算然后叠加。由电枢结构对称性可知,轨道对 Ⅰ 象限产生的电磁推力与对 Ⅳ 象限产生的电磁推力相等;对 Ⅱ 象限产生的电磁推力与对 Ⅲ 象限产生的电磁推力相等。因此,只需要计算轨道对 Ⅰ、Ⅱ 象限产生的电磁推力。

如图 3.11 所示,S_5、S_1 分别为电枢在 Ⅰ、Ⅱ 象限电流分布区域,由于 S_5、S_1 是不规则形状,在 S_5、S_1 上积分计算比较复杂。所以在对 S_5、S_1 上的积分可转换为相应区域积分然后作差。各积分区域的积分上、下限见表 3.1。

$$\left. \begin{array}{l} S_1 = S_左 - S_2 - S_3 - S_7 - S_9 \\ S_5 = S_右 - S_4 - S_6 - S_8 - S_{10} \end{array} \right\} \tag{3.17}$$

式中:$S_左$、$S_右$ 分别为 Ⅱ、Ⅰ 象限虚线围起的正方形区域。

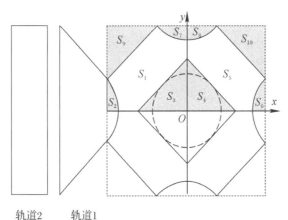

轨道2　　　轨道1
图 3.11　电枢积分区域示意图

表 3.1　各积分区域的积分上、下限

积分区域	对 x		对 y	
	积分下限	积分上限	积分下限	积分上限
$S_{左}$	$-\dfrac{b}{2}$	0	0	$\dfrac{b}{2}$
$S_{右}$	0	$\dfrac{b}{2}$	0	$\dfrac{b}{2}$
S_2	$-\dfrac{b}{2}$	$r-\dfrac{b+h_2}{2}$	0	$\sqrt{r^2-\left(x+\dfrac{b+h_2}{2}\right)^2}$
S_3	$-\sqrt{2}R$	0	0	$x+\sqrt{2}R$
S_4	0	$\sqrt{2}R$	0	$\sqrt{2}R-x$
S_6	$\dfrac{b+h_2}{2}-r$	$\dfrac{b}{2}$	0	$\sqrt{r^2-\left(x-\dfrac{b+h_2}{2}\right)^2}$
S_7	$-\dfrac{h_2}{2}$	0	$\dfrac{b+h_2}{2}-\sqrt{r^2-x^2}$	$\dfrac{b}{2}$
S_8	0	$\dfrac{h_2}{2}$	$\dfrac{b+h_2}{2}-\sqrt{r^2-x^2}$	$\dfrac{b}{2}$
S_9	$-\dfrac{b}{2}$	$-\dfrac{h_2}{2}$	$x+\dfrac{b+h_2}{2}$	$\dfrac{b}{2}$
S_{10}	$\dfrac{h_2}{2}$	$\dfrac{b}{2}$	$\dfrac{b+h_2}{2}-x$	$\dfrac{b}{2}$

主轨道对 I 象限内电枢的电磁推力为

$$F_{主1}=\iiint \frac{I_t}{mt}\left(-\frac{\sqrt{2}}{2},\frac{\sqrt{2}}{2},0\right)\times \boldsymbol{B}_{主}\,\mathrm{d}x\mathrm{d}y\mathrm{d}z$$

$$=\frac{\sqrt{2}\mu_0 I^2}{16\pi S_{主}mt}\left[\int_m^{m+n}\left(\iint_{S_{右}}Q_1\mathrm{d}x\mathrm{d}y-\iint_{S_4}Q_1\mathrm{d}x\mathrm{d}y-\iint_{S_6}Q_1\mathrm{d}x\mathrm{d}y-\iint_{S_8}Q_1\mathrm{d}x\mathrm{d}y-\iint_{S_{10}}Q_1\mathrm{d}x\mathrm{d}y\right)\mathrm{d}z\right]$$

$$=\frac{\sqrt{2}\mu_0 I^2}{16\pi S_{主}mt}\left[\int_m^{m+n}\left[\begin{matrix}\int_0^{\frac{b}{2}}\int_0^{\frac{b}{2}}Q_1\mathrm{d}y\mathrm{d}x-\int_0^{\sqrt{2}R}\int_0^{\sqrt{2}R-x}Q_1\mathrm{d}y\mathrm{d}x-\\[2mm]\int_{\frac{b+h_2}{2}-r}^{\frac{b}{2}}\int_0^{\sqrt{r^2-\left(x-\frac{b+h_2}{2}\right)^2}}Q_1\mathrm{d}y\mathrm{d}x-\\[2mm]\int_0^{\frac{h_2}{2}}\int_{\frac{b+h_2}{2}-\sqrt{r^2-x^2}}^{\frac{b}{2}}Q_1\mathrm{d}y\mathrm{d}x-\int_{\frac{h_2}{2}}^{\frac{b}{2}}\int_{\frac{b+h_2}{2}-x}^{\frac{b}{2}}Q_1\mathrm{d}y\mathrm{d}x\end{matrix}\right]\mathrm{d}z\right] \tag{3.18}$$

为表达方便，式(3.18)中被积函数用 Q_1 表示，其表达式为

$$Q_1=\frac{(x-x_0)-(y-y_0)}{(x-x_0)^2+(y-y_0)^2}\times$$
$$\left[\frac{z}{\sqrt{(x-x_0)^2+(y-y_0)^2+z^2}}-\frac{z-m}{\sqrt{(x-x_0)^2+(y-y_0)^2+(z-m)^2}}\right]$$

主轨道对 II 象限内电枢的电磁推力为

$$F_{主2}=\iiint \frac{I_t}{mt}\left(\frac{\sqrt{2}}{2},\frac{\sqrt{2}}{2},0\right)\times \boldsymbol{B}_{主}\,\mathrm{d}x\mathrm{d}y\mathrm{d}z$$

$$=\frac{\sqrt{2}\mu_0 I^2}{16\pi S_{主}mt}\left[\int_m^{m+n}\left(\iint_{S_{左}}Q_2\mathrm{d}x\mathrm{d}y-\iint_{S_2}Q_2\mathrm{d}x\mathrm{d}y-\iint_{S_3}Q_2\mathrm{d}x\mathrm{d}y-\iint_{S_7}Q_2\mathrm{d}x\mathrm{d}y-\iint_{S_9}Q_2\mathrm{d}x\mathrm{d}y\right)\mathrm{d}z\right]$$

$$= \frac{\sqrt{2}\,\mu_0 I^2}{16\pi S_{\pm}\, mt} \left[\int_m^{m+n} \begin{bmatrix} \int_{-\frac{b}{2}}^{0} \int_{0}^{\frac{b}{2}} Q_2\,\mathrm{d}y\,\mathrm{d}x - \int_{-\frac{b}{2}}^{r-\frac{b+h_2}{2}} \int_{0}^{\sqrt{r^2 - \left(x+\frac{b+h_2}{2}\right)^2}} Q_2\,\mathrm{d}y\,\mathrm{d}x - \\ \int_{-\sqrt{2}R}^{0} \int_{0}^{x+\sqrt{2}R} Q_2\,\mathrm{d}y\,\mathrm{d}x - \int_{-\frac{h_2}{2}}^{0} \int_{\frac{b+h_2}{2} - \sqrt{r^2 - x^2}}^{\frac{b}{2}} Q_2\,\mathrm{d}y\,\mathrm{d}x - \\ \int_{-\frac{b}{2}}^{-\frac{h_2}{2}} \int_{x+\frac{b+h_2}{2}}^{\frac{b}{2}} Q_2\,\mathrm{d}y\,\mathrm{d}x \end{bmatrix} \mathrm{d}z \right] \tag{3.19}$$

$$Q_2 = \frac{(x-x_0)+(y-y_0)}{(x-x_0)^2+(y-y_0)^2} \times$$

$$\left[\frac{z}{\sqrt{(x-x_0)^2+(y-y_0)^2+z^2}} - \frac{z-m}{\sqrt{(x-x_0)^2+(y-y_0)^2+(z-m)^2}} \right]$$

根据向量外积的运算规律可知,主轨道对 Ⅰ、Ⅱ 象限内电枢的电磁推力 $F_{\pm 1}$、$F_{\pm 2}$ 方向与单位向量 k 的方向相同,即沿着坐标轴 z 轴正方向,电枢的运动方向也是沿 z 轴正方向。

主轨道对 Ⅲ、Ⅳ 象限内电枢的电磁推力 $F_{\pm 3}$、$F_{\pm 4}$ 与 $F_{\pm 2}$、$F_{\pm 1}$ 相同,因此单根主轨道对电枢的总电磁推力为

$$F_{\pm} = 2(F_{\pm 1} + F_{\pm 2}) \tag{3.20}$$

四根主轨道对电枢的总电磁推力为

$$F_{\pm\,\mathrm{sum}} = 4F_{\pm} \tag{3.21}$$

同理,背场轨对 Ⅰ 象限内电枢的电磁推力为

$$F_{副 1} = \iiint \frac{I_t}{mt} \left(-\frac{\sqrt{2}}{2}, \frac{\sqrt{2}}{2}, 0 \right) \times \boldsymbol{B}_{副}\,\mathrm{d}x\,\mathrm{d}y\,\mathrm{d}z$$

$$= \frac{\sqrt{2}\,\mu_0 I^2}{16\pi h w_2 mt} \left[\int_m^{m+n} \left(\iint_{S_{右}} Q_3\,\mathrm{d}x\,\mathrm{d}y - \iint_{S_4} Q_3\,\mathrm{d}x\,\mathrm{d}y - \iint_{S_6} Q_3\,\mathrm{d}x\,\mathrm{d}y - \iint_{S_8} Q_3\,\mathrm{d}x\,\mathrm{d}y - \iint_{S_{10}} Q_3\,\mathrm{d}x\,\mathrm{d}y \right) \mathrm{d}z \right]$$

$$= \frac{\sqrt{2}\,\mu_0 I^2}{16\pi h w_2 mt} \left[\int_m^{m+n} \begin{bmatrix} \int_{0}^{b/2} \int_{0}^{b/2} Q_3\,\mathrm{d}y\,\mathrm{d}x - \int_{0}^{\sqrt{2}R} \int_{\sqrt{2}R-x}^{\sqrt{2}R} Q_3\,\mathrm{d}y\,\mathrm{d}x - \\ \int_{(b+h_2)/2-r}^{b/2} \int_{\sqrt{r^2-(x-(b+h_2)/2)^2}}^{b/2} Q_3\,\mathrm{d}y\,\mathrm{d}x - \\ \int_{0}^{h_2/2} \int_{(b+h_2)/2 - \sqrt{r^2-x^2}}^{b/2} Q_3\,\mathrm{d}y\,\mathrm{d}x - \int_{h_2/2}^{b/2} \int_{(b+h_2)/2-x}^{b/2} Q_3\,\mathrm{d}y\,\mathrm{d}x \end{bmatrix} \mathrm{d}z \right] \tag{3.22}$$

$$Q_3 = \frac{(x-x_0)-(y-y_0)}{(x-x_0)^2+(y-y_0)^2} \times$$

$$\left[\frac{z}{\sqrt{(x-x_0)^2+(y-y_0)^2+z^2}} - \frac{z-l}{\sqrt{(x-x_0)^2+(y-y_0)^2+(z-l)^2}} \right]$$

背场轨对 Ⅱ 象限内电枢的电磁推力为

$$F_{副 2} = \iiint \frac{I_t}{mt} \left(\frac{\sqrt{2}}{2}, \frac{\sqrt{2}}{2}, 0 \right) \times \boldsymbol{B}_{副}\,\mathrm{d}x\,\mathrm{d}y\,\mathrm{d}z$$

$$= \frac{\sqrt{2}\,\mu_0 I^2}{16\pi h w_2 mt} \left[\int_m^{m+n} \left(\iint_{S_{左}} Q_4\,\mathrm{d}x\,\mathrm{d}y - \iint_{S_2} Q_4\,\mathrm{d}x\,\mathrm{d}y - \iint_{S_3} Q_4\,\mathrm{d}x\,\mathrm{d}y - \iint_{S_7} Q_4\,\mathrm{d}x\,\mathrm{d}y - \iint_{S_9} Q_4\,\mathrm{d}x\,\mathrm{d}y \right) \mathrm{d}z \right]$$

$$= \frac{\sqrt{2}\mu_0 I^2}{16\pi h w_2 mt} \left[\int_m^{m+n} \left[\begin{array}{l} \int_{-b/2}^{0}\int_0^{b/2} Q_4\,\mathrm{d}y\,\mathrm{d}x - \int_{-b/2}^{r-(b+h_2)/2}\int_0^{\sqrt{r^2-(x+(b+h_2)/2)^2}} Q_4\,\mathrm{d}y\,\mathrm{d}x - \\[6pt] \int_{-\sqrt{2}R}^{0}\int_0^{\sqrt{2}R+x} Q_4\,\mathrm{d}y\,\mathrm{d}x - \int_{-h_2/2}^{0}\int_{(b+h_2)/2-\sqrt{r^2-x^2}}^{b/2} Q_4\,\mathrm{d}y\,\mathrm{d}x - \\[6pt] \int_{-b/2}^{-h_2/2}\int_{(b+h_2)/2+x}^{b/2} Q_4\,\mathrm{d}y\,\mathrm{d}x \end{array} \right] \mathrm{d}z \right] \quad (3.23)$$

$$Q_4 = \frac{(x-x_0)+(y-y_0)}{(x-x_0)^2+(y-y_0)^2} \times$$
$$\left[\frac{z}{\sqrt{(x-x_0)^2+(y-y_0)^2+z^2}} - \frac{z-l}{\sqrt{(x-x_0)^2+(y-y_0)^2+(z-l)^2}} \right]$$

同理,背场轨对Ⅰ、Ⅱ象限内电枢的电磁推力 $F_{副1}$、$F_{副2}$ 方向与单位向量 $\boldsymbol{k}$ 的方向相同,即沿着坐标轴 z 轴正方向,单根背场轨对电枢的总电磁推力为

$$F_{副} = 2(F_{副1}+F_{副2}) \quad (3.24)$$

四根背场轨对电枢的总电磁推力为

$$F_{副\,sum} = 4F_{副} \quad (3.25)$$

综合以上结论可得,主轨道和背场轨对电枢的总电磁推力为

$$F_{EM} = F_{主\,sum} + F_{副\,sum} \quad (3.26)$$

3.4　不同结构参数对电磁推力的影响

下面在给出了电枢电磁推力的计算方法和公式的基础上,计算出双曲增强型四极轨道电磁发射器在不同结构参数下对电枢产生的电磁推力的数值解。发射器的结构参数见表3.2,首先根据表中给出的结构参数计算出电磁推力,其结果见表3.3,主轨道和背场轨产生的电磁推力在同一量级上,且主轨道产生的电磁推力略大于背场轨产生的电磁推力。然后通过改变电枢所在位置 m、主轨道和背场轨间距 d、轨道高度 h 和背场轨宽度 w_2,进一步研究不同结构参数对电磁推力的影响。最终找到最佳的结构参数,为双曲增强型四极轨道电磁发射器的结构设计和优化提供理论依据。

表3.2　发射器结构参数表

l/mm	b/mm	μ_0/(H·m^{-1})	h/mm
220	26	$4\pi\times10^{-7}$	26
m/mm	a/mm	d/mm	w_2/mm
70	16	2	6

表3.3　双曲增强型四极轨道电磁发射器电磁推力

主轨道电磁力/kN	背场轨电磁力/kN	总电磁力/kN
46.701 35	40.559 87	87.261 22

　　为研究发射器不同结构参数对电磁力的影响,需要控制其他结构参数不变,单独改变电枢所在位置 m、主轨道和背场轨间距 d、轨道高度 h 和轨道宽度 w_2 其中一个参数,分析电磁推力的变化情况。

　　图 3.12 为电枢在轨道不同位置处,主轨道、背场轨及两种轨道共同对电枢产生的电磁推力曲线图。电枢位置 m 的变化范围为 $0\sim220$ mm。$m=0$ mm 时主轨道和背场轨产生的电磁推力基本相同,此时的电磁推力为启动推力。随着电枢位置逐步变大,主轨道的载流长度也随之变大,主轨道产生的电磁推力在 $m=50$ mm 附近基本达到最大,之后基本保持不变。背场轨的载流长度是整条轨道的长度 l,不随电枢位置的改变而改变。背场轨产生的电磁推力两端低、中间高,在 $m=50$ mm 附近基本达到最大值。由图中可以看出,增强后的发射器总电磁力大约是主轨道单独产生电磁力的两倍,启动推力增加了一倍。当电枢位于轨道中间部位时,总电磁推力较大,当位于电枢位于轨道两端时,总电磁推力较小。在 $m=50$ mm 附近,总电磁力达到最大值。

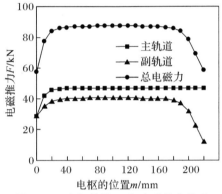

图 3.12　电枢位置 m 与电磁推力关系

　　主轨道和背场轨间距 d 的变化只是改变了背场轨与电枢之间的距离,对主轨道产生的电磁推力没有影响。因此,只须研究轨道间距 d 的变化对背场轨产生的电磁推力的影响。图 3.13 为不同间距 d 对应的电磁推力曲线图。从图中可以看出,随着主轨道和背场轨间距 d 的增大,背场轨产生的电磁推力不断减小,并且减小的趋势逐渐平缓。因此,在保证主轨道和背场轨之间绝缘性良好的前提下,间距 d 越小越好。

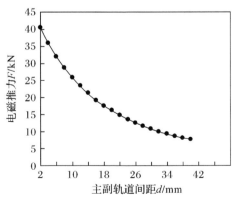

图 3.13　主轨道和背场轨间距 d 与电磁推力关系

图 3.14 为轨道截面高度 h 取不同值所对应的电磁推力曲线图。从图中可以看出,随着轨道截面高 h 的增大,主轨道和背场轨产生的电磁推力均逐渐减小,并且截面高度越小,由截面高度增加引起的电磁推力减小幅度越大。这是因为随着轨道截面高度增大,轨道截面中间区域的电流密度减小,而电枢所处区域的有效磁场是由这部分电流产生的,所以随着轨道截面高 h 的增大,电枢区域有效磁场强度减小,进而主轨道和背场轨产生的电磁推力减小。

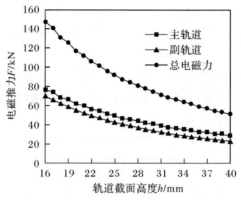

图 3.14 轨道截面高度 h 与电磁推力关系

图 3.15 为背场轨截面宽度 w_2 由 2 mm 增大到 44 mm 时对应的背场轨电磁推力曲线图。由图可以看出,随着背场轨宽度 w_2 的增大,背场轨产生的电磁推力不断减小。并且,背场轨宽度 w_2 越小,由背场轨宽度 w_2 增大引起的电磁推力减小幅度越大。这是因为轨道宽度减小时,轨道内部电流密度增大,电流更靠近电枢,使电枢所在区域的磁场强度增大,所以引起电磁推力增大。

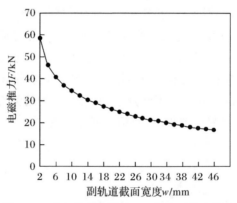

图 3.15 背场轨截面宽度 w_2 与电磁推力关系

3.5 小　　结

本章建立了双曲增强型四极电磁轨道发射器的三维模型,在此基础上对电枢所受到的电磁推力进行了理论分析和数值仿真。在对电枢受力分析时,以毕奥-萨伐尔定律为理论依据,分别推导出双曲串联增强型四极轨道电磁发射器主轨道和背场轨对电枢产生的电磁推力表达式。研究结果表明,与非增强型四极轨道电磁发射器相比,双曲增强型四极轨道电磁发射器在保证装配和接触可靠性的同时,电磁推力提高了近一倍,有效降低了发射抛体所需的电流。在保证主轨道和背场轨之间绝缘性良好的前提下,间距越小,电磁推力越大;轨道截面宽度、截面高度越小,电磁推力越大。因此,在对发射器结构进行设计时,尽量使发射器结构比较紧凑。

第4章 电枢膛内运动过程耦合仿真

电磁轨道发射器能够在瞬时将大功率电能转化为动能,推动电枢和弹丸快速出膛。电磁轨道发射器工作时间很短,往往只有几毫秒,工作过程中磁场强度较高、电磁干扰比较严重,因此,许多常用的测量手段不适用于对电磁轨道发射器的物理参数进行测量。此外,由于发射器的工作过程涉及复杂的多物理场耦合现象,影响发射器性能的因素较多,很难通过解析计算研究发射器的各种物理特性。因此,通过多物理场耦合仿真对发射器的工作过程进行模拟和研究具有十分重要的现实意义。本章以双曲增强型四轨电磁发射器为研究对象,基于有限元-边界元耦合方法,建立该构型发射器的瞬态电-磁-热-结构耦合仿真模型,采用CLM模型模拟发射过程中过盈电枢与轨道的接触现象,采用热流分配系数模型对摩擦热和焦耳热引起的温升进行研究,得到发射器动态发射过程中电枢、轨道的受力情况和电磁、应力、热分布,进而对电磁场与结构场的相互耦合和电磁场-温度场-结构场的相互耦合机理进行分析。

4.1 多物理场耦合模型建立

电磁轨道发射器的工作过程涉及多物理场耦合,伴随着瞬态电磁相互作用下的趋肤效应,电枢与轨道之间的电流传导,电枢运动过程中的摩擦热、焦耳热生成与传递,以及电枢与轨道受力状态下的接触与变形等。要分析这些现象,实质就是求解给定边界条件下的控制方程。

电磁轨道发射器的电磁场变化由麦克斯韦(Maxwell)方程组控制。由于发射器脉冲电源的电流频率较低,场强的变化与场源的变化之间几乎是无时延的,所以忽略电场变化对磁场的影响。基于该假设,可以对 Maxwell 方程组进行简化,忽略传导电流项,得到磁准静态场下 Maxwell 方程组的微分形式:

$$\nabla \times \boldsymbol{H} = \boldsymbol{J} \tag{4.1}$$

$$\nabla \times \boldsymbol{E} = -\frac{\partial \boldsymbol{B}}{\partial t} \tag{4.2}$$

$$\nabla \cdot \boldsymbol{B} = 0 \tag{4.3}$$

$$\nabla \cdot \boldsymbol{D} = \rho \tag{4.4}$$

式中:包含电场强度 $\boldsymbol{E}$(V/m)、磁感应强度 $\boldsymbol{B}$(T)、电位移矢量 $\boldsymbol{D}$(C/m²)和磁场强度 $\boldsymbol{H}$(A/m)共 4 个基本场矢量以及电流密度 $\boldsymbol{J}$(A/m²)、电荷密度 ρ(C/m³)两个源项。在介质内,还需

要补充 3 个描述介质性质的材料本构方程：

$$\boldsymbol{D} = \varepsilon\boldsymbol{E} \tag{4.5}$$

$$\boldsymbol{B} = \mu\boldsymbol{H} \tag{4.6}$$

$$\boldsymbol{J} = \sigma(\boldsymbol{E} + \boldsymbol{v}\times\boldsymbol{B}) \tag{4.7}$$

式中：ε、μ、σ 分别为材料的介电系数、磁导率和电导率，式(4.7)中的 $\boldsymbol{v}\times\boldsymbol{B}$ 项为洛伦兹力贡献，其中 $\boldsymbol{v}$ 为介质运动速度。对于电磁轨道发射器来说，通常可以假定材料为各向同性材料。

此外，基于电流与电荷运动的关系，还可以给出描述电流连续性的方程：

$$\nabla\cdot\boldsymbol{J} = -\frac{\partial\rho}{\partial t} \tag{4.8}$$

由于任一矢量旋度的散度恒等于零，所以在磁准静态场下，对式(4.1)取散度，可以将描述电流连续性的电荷守恒定律简化为

$$\nabla\cdot\boldsymbol{J} = 0 \tag{4.9}$$

上述方程中，式(4.1)为安培环路定律的微分形式，式(4.2)为法拉第定律的微分形式，二者与其他任意一个方程均可组成独立方程组。对于三维问题来说，一个场矢量微分方程对应了 3 个标量微分方程，即待求解自由度为 3，为了降低自由度，通常使用 $\boldsymbol{A}-\phi-\boldsymbol{A}$ 格式对 Maxwell 方程组进行描述和求解。按式(4.10)和式(4.11)的定义引入磁矢势 $\boldsymbol{A}$ 和电标势 ϕ：

$$\boldsymbol{B} = \nabla\times\boldsymbol{A} \tag{4.10}$$

$$\boldsymbol{E} = -\frac{\partial\boldsymbol{A}}{\partial t} - \nabla\phi \tag{4.11}$$

式(4.10)仅定义了磁矢势的旋度。根据 Helmholtz 定律，该式求得的解不唯一。为确保对应于一组 $\boldsymbol{B}$ 和 $\boldsymbol{E}$ 的值，仅有唯一的 $\boldsymbol{A}$ 和 ϕ 值与之相对应，引入洛伦兹规范定义磁矢势的散度：

$$\nabla\cdot\boldsymbol{A} = -\mu\varepsilon\frac{\partial\phi}{\partial t} \tag{4.12}$$

对于磁准静态场，式(4.12)可以简化为

$$\nabla\cdot\boldsymbol{A} = 0 \tag{4.13}$$

式(4.13)称为库仑规范，通过罚函数方法可以便捷地将库仑规范添加到控制方程中，大量研究表明，取罚因子为 $1/\mu_0$ 时可以得到求解精度和收敛性的均衡，达到很好的效果。因此，本书在采用罚函数方法添加库仑规范时取罚因子为 $1/\mu_0$。采用磁矢势和电标势作为变量，可以将 Maxwell 方程组改写为

$$\nabla^2\boldsymbol{A} - \mu\sigma\left(\frac{\partial\boldsymbol{A}}{\partial t} + \nabla\phi\right) + \mu\sigma\boldsymbol{v}\times(\nabla\times\boldsymbol{A}) = 0 \tag{4.14}$$

$$\nabla g\left[-\sigma\frac{\partial\boldsymbol{A}}{\partial t} - \sigma\nabla\phi + \sigma\boldsymbol{v}\times(\nabla\times\boldsymbol{A})\right] = 0 \tag{4.15}$$

式(4.14)称为磁场扩散方程，式(4.15)称为电流连续性方程。其中，$\boldsymbol{v}$ 为导体运动速度。这两个方程分别自动满足 Maxwell 方程组式(4.3)和式(4.4)。由于速度项 $\boldsymbol{v}$ 的存在，有限元方程的对称性被破坏，Galerkin 有限元解会产生数值振荡。因此采用拉格朗日坐标描述运动导体，在拉格朗日坐标下，速度项 $\boldsymbol{v}$ 将消失。式(4.14)和式(4.15)将转化为

$$\nabla^2\boldsymbol{A} - \mu\sigma\left(\frac{\partial\boldsymbol{A}}{\partial t} + \nabla\phi\right) = 0 \tag{4.16}$$

$$\nabla \cdot \left(-\sigma \frac{\partial \boldsymbol{A}}{\partial t} - \sigma \nabla \phi\right) = 0 \tag{4.17}$$

式(4.16)和式(4.17)即电磁轨道发射器导体区域(记为 V_1)的电磁场控制方程。对于电磁轨道发射器的一般工作环境,可以近似认为空气域不导电。因此,空气区域(记为 V_2)的电磁场控制方程退化为

$$\nabla^2 \boldsymbol{A} = 0 \tag{4.18}$$

不考虑热量在导体中扩散的时间效应,电磁轨道发射器中的温度变化现象主要受瞬态传热傅里叶定律控制。忽略热对流与热辐射效应,电磁轨道发射器的温度场控制方程可以表述为

$$\rho c \left(\frac{\partial T}{\partial t} + v \nabla T\right) - \nabla \cdot (\kappa \nabla T) = Q \tag{4.19}$$

式中:κ 为导热系数;ρ 为材料密度;c 为比热容;T 为温度;Q 为热源密度;v 为运动速度。同样地,在拉格朗日坐标系下,式(4.19)中的 $v \nabla T$ 项将被消去。式(4.19)表明,热传导将沿着负温度梯度方向进行,且与导热系数和温度梯度成正比。

对于电磁轨道发射器而言,热源主要为焦耳热和摩擦热。其中:焦耳热功率可以表示为 $Q = J^2/\sigma$,包含体电阻热和接触电阻热两部分;摩擦热功率可以表示为 $Q = \kappa f v$,其中 κ 为摩擦力做功转化为热能的比例,f 为摩擦力。在 $\boldsymbol{A} - \phi - \boldsymbol{A}$ 格式下,电流密度可以表示为

$$\boldsymbol{J} = -\sigma \left(\frac{\mathrm{d}\boldsymbol{A}}{\mathrm{d}t} + \nabla \phi\right) \tag{4.20}$$

摩擦热和接触电阻热是作用在枢轨接触面上的边界热源,需要考虑滑动接触表面上的热流分配问题。考虑到电枢与轨道接触时间较短,假定热流分配系数为一常量。定义轨道获得的接触面热量的比例为

$$D_r = \frac{\sqrt{\kappa_r \rho_r c_r}}{\sqrt{\kappa_r \rho_r c_r} + \sqrt{\kappa_a \rho_a c_a}} \tag{4.21}$$

式中:下标 a 和 r 分别对应电枢和轨道。电枢获得的接触面热量的比例 $D_a = 1 - D_r$。

假定发射器的生成热不发生耗散,那么电枢和轨道从接触面热生成过程中可获得的热量 $\mathrm{d}\boldsymbol{Q}_{Da}$ 和 $\mathrm{d}\boldsymbol{Q}_{Dr}$ 可以分别表示为

$$\mathrm{d}\boldsymbol{Q}_{Dr} = D_r \mathrm{d}\boldsymbol{Q}_c = D_r \mathrm{d}(\boldsymbol{Q}_i + \boldsymbol{Q}_f) \tag{4.22}$$

$$\mathrm{d}\boldsymbol{Q}_{Da} = D_a \mathrm{d}\boldsymbol{Q}_c = (1 - D_r)\mathrm{d}(\boldsymbol{Q}_i + \boldsymbol{Q}_f) \tag{4.23}$$

式中:Q_c 为接触面热生成的总量;Q_i 为接触件变形等引起的内能变化产热;Q_f 为接触件之间相互摩擦运动产生的摩擦热。

电磁轨道发射器工作在特有的高速载流滑动电接触条件下,电枢与轨道之间的接触现象不仅是结构场作用的结果,在接触面上还有电流的导通,涉及电接触现象。Holm 认为,两接触件之间的电流是通过不规则分布的微观接触点导通的,称为"A-spot"接触。相较于理想接触条件下电流在接触面上完全导通的情形,"A-spot"接触相当于为接触件附加了接触电阻。根据 Holm 的理论,接触电阻的大小与"A-spot"点的分布、尺寸、形状等有关。Holm 的理论将接触电阻与接触压力联系起来,实现了电磁场与结构场的耦合。但该理论仅阐述了微观上接触电阻产生的机理,对于宏观上的电接触问题来说,难以直接通过该理论指导接触电阻的计算和求解。为了将决定"A-spot"的微观参数(如导电斑点的数量、分布、

尺寸等)与宏观上材料的属性、接触压力等联系起来,Williamson、Malucci 等学者进行了大量研究,提出了适用于不同情况的接触电阻模型。本书采用 CLM 模型计算接触电阻,实现电磁场与结构场的耦合。CLM 模型将不光滑的 A-spot 接触近似为连续的接触面,根据材料属性和接触压力按下式计算接触层的电阻:

$$\rho_c l_c = \rho_a c \left(\frac{H_{\text{soft}}}{P}\right)^m \tag{4.24}$$

式中:ρ_c 为接触电阻率;l_c 为名义接触层的厚度;ρ_a 为两种接触材料电阻率的算术平均值;H_{soft} 为电枢的硬度(较软材料);P 为接触压力;m 和 c 为实验测得的经验接触常数,其值与材料属性有关。对于一般电磁轨道发射器的铝合金-铜合金接触对,二者的取值分别为:$c=9.45\times10^{-4}$,$m=0.63$。

由于电磁轨道发射器的材料均非铁磁性材料(磁导率较高),所以采用洛伦兹力公式即可准确计算发射器在工作过程中的受力:

$$\boldsymbol{F}_{\text{em}} = \boldsymbol{J}\times\boldsymbol{B} = -\sigma\left(\frac{\partial \boldsymbol{A}}{\partial t}+\nabla\phi\right)\times(\nabla\times\boldsymbol{A}) \tag{4.25}$$

基于发射器的受力,可以求得发射器各材料的变形情况,进而采用增广拉格朗日法计算接触压力。

$$P = \begin{cases} 0, & |u|>\varepsilon \\ Ku+\lambda_{i+1}, & |u|<\varepsilon \end{cases} \tag{4.26}$$

$$\lambda_{i+1} = \begin{cases} \lambda_i+Ku, & |u|>\varepsilon \\ \lambda_i, & |u|<\varepsilon \end{cases} \tag{4.27}$$

式中:λ_i 为拉格朗日乘子;ε 为容差;K 为接触刚度;u 为接触间隙。

基于上述控制方程,可以将电枢膛内运动过程中的多物理场耦合关系表示为如图 4.1 所示的形式。

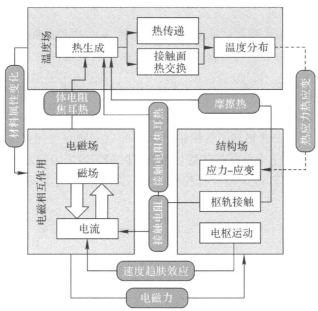

图 4.1　电磁轨道发射器中的多物理场耦合关系

本书采用有限元-边界元耦合的方法求解前文所述控制方程,在导体区域 V_1 采用有限元方法,在非导体区域 V_2 采用边界元方法,为了实现有限元与边界元方法的耦合,需要确保导体区域与非导体区域之间的边界 S 上场量连续。本书采用伽辽金形式的加权残值法建立有限元列式。加权残值法是一种广泛用于求解微分方程的方法。对于微分方程 $L(u)=p$,由于其精确解难以获得,所以用 $\tilde{u}=\sum_{i=1}^{n}C_iN_i$ 作为方程的近似解,其中 C_i 为待定系数。将近似解 $\tilde{u}$ 代入微分方程,可以得到残值 $R=L(\tilde{u})-p$。为了保证近似解的精度,加权残值法要求在求解域 V 内残值的加权平均值为零,即 $\int W_iR\mathrm{d}V=0$,其中 W_i 为权函数。有限元法的实质是将复杂几何离散为简单的单元,将寻找在整个求解域上满足微分方程解的过程转化为寻找在节点上满足微分方程解的过程。本书构造 8 节点六面体等参单元在几何上对模型进行离散,用形函数

$$N_i=\frac{1}{8}(1+\xi_0)(1+\eta_0)(1+\zeta_0) \tag{4.28}$$

描述单元节点上的解与单元内的解之间的关系。其中,(ξ,η,ζ) 为空间坐标,$\xi_0=\xi_i\xi$,$\eta_0=\eta_i\eta$。在伽辽金方法中,选取的权函数与形函数相等,这样可以快速、精确地计算出近似解中的待定系数,同时该方法收敛性也更高。基于伽辽金形式的加权残值法,可以将导体区域的电磁场控制方程式(4.16)、式(4.17)在空间中离散为

$$\mu\sigma\int_{V_1}N_i\cdot\frac{\mathrm{d}\boldsymbol{A}}{\mathrm{d}t}\mathrm{d}V+\sigma\int_{V_1}(\nabla N_i\cdot\nabla)\mathrm{d}V+\mu\sigma\int_{V_1}N_i\cdot\nabla\phi\mathrm{d}V$$
$$=\int_S N_i\cdot[\boldsymbol{n}\times(\nabla\times\boldsymbol{A})]\mathrm{d}S \tag{4.29}$$

$$\int_{V_1}\nabla N_i\cdot\sigma\frac{\mathrm{d}\boldsymbol{A}}{\mathrm{d}t}\mathrm{d}V+\int_{V_1}\nabla N_i\cdot\sigma\nabla\phi\mathrm{d}V=0 \tag{4.30}$$

式中:S 为导体区域 V_1 与非导体区域 V_2 之间的边界;$\boldsymbol{n}$ 为边界的外法线方向。采用后向差分格式对式(4.29)在时间上进行离散,得到最终求解的电磁场控制方程有限元列式:

$$\left[\frac{\boldsymbol{M}}{\Delta t}+\boldsymbol{K}_A\right][\boldsymbol{A}]^{\tau+1}=\frac{\boldsymbol{M}}{\Delta t}[\boldsymbol{A}]^{\tau}-\boldsymbol{P}\cdot[\phi]^{\tau+1}+\boldsymbol{S}\cdot\left(\frac{\partial\boldsymbol{A}}{\partial t}\right)^{\tau+1} \tag{4.31}$$

式中:$\boldsymbol{M}$、$\boldsymbol{K}_A$、$\boldsymbol{P}$、$\boldsymbol{S}$ 为系数矩阵。对于非导体区域 V_2,由于不含有对时间的偏导数项,所以系数矩阵 $\boldsymbol{M}$ 为 0。上述公式描述了以网格节点上的磁矢势和电标势为未知量的线性代数方程组,且后一时刻节点上未知量的值均可由前一时刻节点上未知量的值表示。

采用相同的方法,可以得到温度场控制方程式(4.19)在空间中的离散形式和有限元列式:

$$\int_V N_i\left[c\frac{\partial T}{\partial t}+\nabla\cdot(-\lambda\nabla T)-\boldsymbol{Q}\right]\mathrm{d}V=0 \tag{4.32}$$

$$\left(\frac{\boldsymbol{C}}{\Delta t}+\boldsymbol{K}\right)\boldsymbol{T}^{\tau+1}=\frac{\boldsymbol{C}}{\Delta t}\boldsymbol{T}^{\tau}+\boldsymbol{P}^{\tau+1} \tag{4.33}$$

式中:$\boldsymbol{C}$ 为热容矩阵;$\boldsymbol{K}$ 为热传导矩阵;$\boldsymbol{P}$ 为温度载荷列阵(即各节点的热源)。

在求解非导体区域(空气域)的电磁场扩散方程时,本书采用边界元方法,原因如下:

(1)边界元方法将导体内场的分布的源等效为边界上的广义源(即将体电流等效为边界电流源),场域(空气域)中的场量(磁场分布)通过对边界上广义源的作用效果线性叠加得到。因此,计算量小,不需要进行微分运算,求解精度较高。此外,边界元方法能够降低求解空间的维数(通过便捷场源计算空间场量),因此方程的阶数会降低。

(2)磁场在空间中可以扩散到无穷远处,因此涉及求解电磁场的问题均为开域问题。在求解开域问题时,有限元方法只能将求解域截断,取距离场源较近的空间划分空气网格,而不能考虑远场情况,因此会产生截断误差。边界元方法不需要划分空气网格,适用于处理开域问题。

(3)有限元方法求解含有运动项的 Maxwell 方程组对网格质量要求较高,不易获得良好的收敛性。电磁轨道发射器的枢轨接触面长度远小于电枢运动行程,为了准确地描述接触面的细节,就必须在接触面上进行网格加密。而要保证网格质量较好,则模型中的网格尺寸差距不应过大,这就使得电枢运动方向上网格数量极多。此外,电磁轨道发射器的几何结构中,发射器轴向尺寸远大于径向尺寸,为了使网格的长细比不过大,也需要在发射器轴向上划分较多的网格。另外,当采用有限元方法计算电枢运动过程时,电枢的移动将压缩电枢前方的空气网格并使电枢后方的空气网格被拉伸,在运动范围较大时,网格质量将急剧恶化。边界元方法由于不需要划分空气网格,大大减少了网格数量、降低了计算量,而且由于不需要处理大范围运动导致的网格恶化问题,收敛性也较好。

本书采用间接法实现边界积分方程,即以等效表面电流作为虚拟场源,这样能够直接获得所需场量,但在与有限元方法进行耦合时需要将虚拟场源与有限元方程所求解的未知量联系起来。非导体区域的磁矢势可用 Biot-Savart 定律进行计算:

$$\boldsymbol{A}=\frac{\mu_0}{4\pi}\int_l\frac{1}{|r-r'|}\boldsymbol{j}(r')\mathrm{d}S \tag{4.34}$$

式中:$\boldsymbol{j}(r')$ 为等效的表面电流;r' 表示场源(即表面电流所在节点坐标)的空间坐标;r 表示场点坐标。有限元方程中,式(4.29)等号右端的表面积分项,即式(4.31)中的 $\boldsymbol{S}\cdot(\partial\boldsymbol{A}/\partial t)^{\tau+1}$ 项,需要通过边界元方法获得,即根据虚拟场源求解磁矢势。对式(4.34)取旋度,即可得

$$\boldsymbol{n}\times(\nabla\times\boldsymbol{A})=\frac{\mu_0}{4\pi}\int_l\frac{\boldsymbol{n}\times|r-r'|\times\boldsymbol{j}}{|r-r'|^3}\mathrm{d}S \tag{4.35}$$

采用伽辽金形式的边界元方法可以将式(4.34)和式(4.35)写为离散的矩阵形式:

$$\boldsymbol{R}\boldsymbol{j}^{\tau+1}=\boldsymbol{S}\left[\frac{\partial\boldsymbol{A}}{\partial\boldsymbol{n}}\right]^{\tau+1} \tag{4.36}$$

$$\boldsymbol{S}\left[\frac{\partial\boldsymbol{A}}{\partial\boldsymbol{n}}\right]^{\tau+1}=\boldsymbol{T}\boldsymbol{j}^{\tau+1} \tag{4.37}$$

式中:$\boldsymbol{R}$、$\boldsymbol{T}$ 为系数矩阵。联立式(4.31)、式(4.36)和式(4.37)可以得到耦合有限元和边界元的磁场解:

$$\left[\frac{\boldsymbol{M}}{\Delta t}+\boldsymbol{K}_A\right][\boldsymbol{A}]^{\tau+1}=\frac{\boldsymbol{M}}{\Delta t}[\boldsymbol{A}]^{\tau}-\boldsymbol{P}\cdot[\phi]^{\tau+1}+\boldsymbol{S}[\boldsymbol{A}]^{\tau+1}\boldsymbol{R}^{-1} \tag{4.38}$$

根据有限元方法对网格质量的要求,本书采用六面体网格将发射器枢轨系统剖分为如图 4.2 所示的形式。网格的主要特征包括:

(1)场量梯度越大的区域网格越密。主要包括电枢和轨道表面趋肤效应引起的电流密度集中区域[见图 4.2(c)(e)]、电枢喉部曲率较大区域[见图 4.2(d)]等。采用这种方法的原因在于,场量梯度越大,相邻网格节点上的场量差距越大,容易导致求解不收敛,加密网格可以减小相邻网格节点之间场量的差距。

(2)在电枢运动方向上,轨道上网格疏密不均[见图 4.2(a)],整体上呈现电流幅值越高,轨道网格越密的趋势。采用方法的原因在于,电流幅值较大的区域接触压力较大,电枢和轨道会产生较大的变形,由于电枢与轨道网格不对应,所以需要加密网格保证电枢与轨道之间数据传递不产生插值错误。

(3)对于不与电枢接触、几何形状规则、场量变化规律的增强轨,网格划分比较稀疏[见图 4.2(a)]。

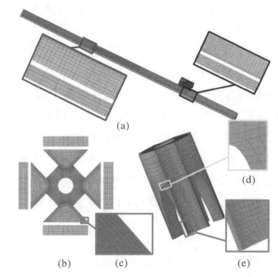

图 4.2 发射器枢轨系统模型网格剖分
(a)轨道网格不均匀分布;(b)网格模型主视图;(c)主轨道网格加密;
(d)电枢喉部网格加密;(e)电枢外表面网格加密

4.2 发射器接触特性分析

4.2.1 电枢装填后的接触状态

对于电磁轨道发射器而言,电枢与轨道之间的接触状态是决定发射器正常工作的关键。其中,电枢与轨道之间的初始接触对电磁轨道发射器工作全过程的接触状态起决定性作用。为了保证枢-轨接触良好,常采用过盈配合的方法为发射器提供一定的初始接触压力。为了实现电枢与轨道的过盈配合,通常的方法是在设计电枢时为电枢臂增加一定的过盈量。电枢装填后,突出的电枢臂被压回,电枢与轨道之间产生接触压力。电枢的装填方法有填塞法、紧固法等,如图 4.3 所示。

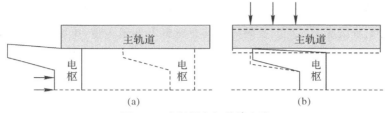

图 4.3　发射器电枢装填方法

(a)填塞式装填；(b)紧固式装填

对于图 4.3(a)所示的填塞式装填方法，发射器身管通过紧固件固定，通过外力使电枢从炮尾端挤进膛内，达到预定装填位置。电枢挤进过程中，突出的电枢臂被轨道挤压产生变形，为发射器提供初始接触压力；对于图 4.3(b)所示的紧固式装填方法，首先将电枢放置在预定的装填位置，而后为对侧轨道同时施加外力使其向内移动并挤压电枢臂，轨道移动距离即电枢的过盈量。

图 4.4 为仿真得到的采用不同方法装填后电枢的应力分布。采用不同的方法装填后电枢的应力分布比较接近，说明装填方法对装填后电枢的状态影响不大。图 4.5 为装填过程中电枢区域等效应力、等效偏应变最大值随时间变化曲线。装填过程中，对于填塞式方法，使用外力强迫电枢在 1 s 内匀速前进 60 mm(电枢长度 40 mm)，完成装填；对于紧固式方法，使用外力强迫轨道在 1 ms 内向内匀速运动 0.14 mm(电枢过盈量 0.14 mm)，完成装填。可以看出，采用两种方法后应力、应变最大值基本一致，且两种方法装填过程应力、应变基本在 0.4 s 内变化比较剧烈。

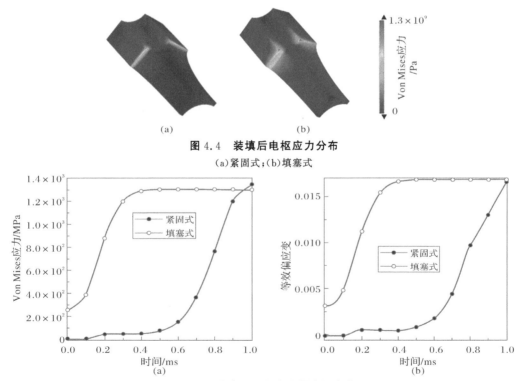

图 4.4　装填后电枢应力分布

(a)紧固式；(b)填塞式

图 4.5　装填过程中应力最大值变化

(a)Von Mises 应力随时间变化；(b)等效应变随时间变化

图 4.6 为采用不同的装填方式装填过程中接触压力随时间变化情况。填塞式装填方法电枢装填的初始阶段应力、应变、接触压力均急剧攀升至最大值,电枢在膛内运动过程中状态维持稳定;紧固式装填方法在装填初始阶段电枢变化不大,轨道持续下压后电枢状态迅速改变。图中可见两种方法装填的最终效果基本保持一致,但考虑到紧固式装填方法需要移动轨道,填塞式装填方式的工程实现比较容易且便于实现自动装填、连续装填,因此在试验和后续的仿真中,均采用填塞式装填方法。

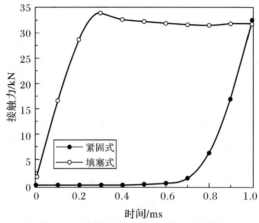

图 4.6　装填过程中总接触压力变化

图 4.7 为装填后接触面和接触面中线上接触压强分布,可以看出接触压强集中分布于电枢臂中段偏上位置,且两侧大于中心,电枢臂尾端接触压强为 0。

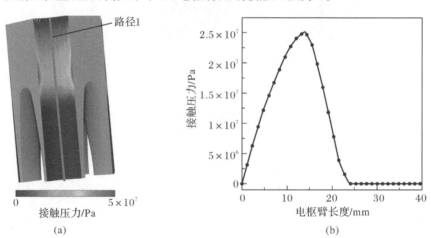

图 4.7　装填后接触压力分布

(a)接触面上接触压力;(b)路径上接触压力

图 4.8 为电枢臂和路径 1 上的变形量。可以看出,在电枢装填完成后,电枢和轨道均出现了一定的变形。由于电枢材料本身具有一定强度,所以在受压变形后未能完全与轨道贴合,电枢最大变形量大于电枢过盈量,在电枢臂尾端出现了接触分离区域。对比图 4.7 与图 4.8 可以看出,接触分离区域与电枢臂尾端接触压力为 0 的区域相吻合。从图中还可以发现,电枢与轨道的过盈配合引起了轨道的变形,不利于发射器工作,因此有研究人员提出通

过硬度较高的钢材对轨道内侧进行加强,改善轨道强度[109]。

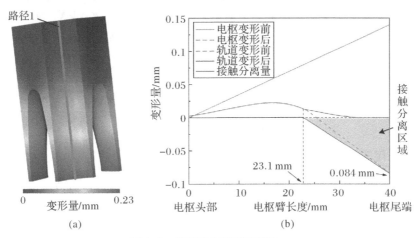

图 4.8 装填后电枢变形情况

(a)电枢变形量;(b)路径上接触分离图示

由于发射器通电后电枢臂与轨道之间会产生较大的电磁力,进而导致接触失效,所以接触压强大于 0 并不能作为衡量枢轨接触状态的有效指标。根据 Marshall 博士的实验结论,接触压力需要满足"1 g/A"法则的要求方能保证发射器工作过程中始终保持良好的接触状态。对于本书采用的电枢(单个接触面面积为 402 mm^2),在激励电流为 100 kA、200 kA、500 kA、1 000 kA、1 500 kA 的条件下,"1 g/A"法则要求的总接触压力分别为 980 N、1 960 N、4 900 N、9 800 N、14 700 N。仿真过程中,电枢与轨道的接触面上共计剖分了 66 个四边形网格、147 个网格节点,即要求接触面上每个网格受到的平均接触压强为 2.44×10^4 Pa、4.88×10^4 Pa、1.22×10^5 Pa、2.44×10^5 Pa、3.66×10^5 Pa。为了更进一步地分析电枢与轨道配合后的接触状态,定义网格上接触压强大于"1 g/A"法则要求的接触压强的网格为有效接触网格,对每个网格节点的受力情况进行了统计,结果如图 4.9 所示。

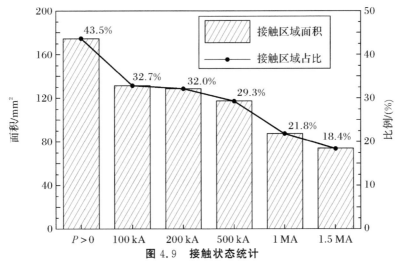

图 4.9 接触状态统计

从图 4.9 中可以看出,电枢与轨道进行过盈配合后,接触压强大于 0 的接触区域占比达到接触面面积的 43.5%。在 1 MA 激励电流的条件下,有效接触区域占比仅为 18.4%,说明这一过盈量难以满足 1 MA 电流的发射要求。而在 100 kA、200 kA、500 kA 激励电流的条件下,有效接触区域占比均为 30% 左右,说明接触面上接触压强小于 8.28×10^4 Pa 的区域大部分压强也小于 1.66×10^4 Pa,即低压强区域和高压强区域面积较小,中压强区域面积较大,压强分布比较均匀。由于在不同的发射电流下保持良好接触对接触压力的需要不同,所以枢轨配合过盈量的设计需要考虑发射器的通电情况,对电枢与轨道的电接触状态进行分析。

4.2.2 电枢运动过程中的接触状态

电磁轨道发射器常使用脉冲电源作为激励,发射器工作过程中电流幅值变化较大,接触压力也会随之急剧变化。为了对电枢运动过程中的电接触特性进行研究,采用峰值电流为 400 kA 的理想化平顶脉冲电流曲线作为激励源,对增强型和非增强型发射器进行研究。采用平顶脉冲的目的在于控制变量,减少电流波形上升沿、下降沿对发射器工作的影响,便于更好地分析问题和探究发射器工作机理。图 4.10 为增强型、非增强型发射器电枢受到的推力和接触压力随时间变化情况。增强型发射器电枢受到的推力和接触面上的总接触压力明显大于非增强型发射器。此外还能看出,尽管激励电流不存在下降沿,但电枢受到的推力和接触压力仍呈现出明显的下降趋势。出现这一现象的原因在于,导体相对运动产生的速度趋肤效应、电磁感应引起趋肤效应,二者共同作用使发射器电流密度减小。此外,由于电枢运动使接入电源的主轨道长度增加,所以回路电阻也随之增大。

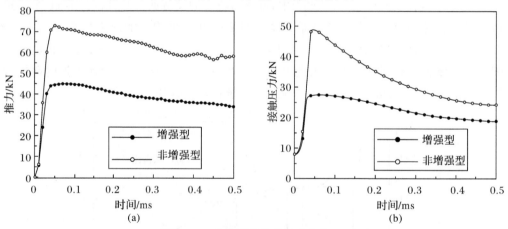

图 4.10 电枢受力随时间变化情况
(a)电磁推力随时间变化;(b)接触压力随时间变化

为了进一步分析增强型发射器与非增强型发射器电枢受力特性,借助接触压力/电磁推力这一参数对增强型发射器与非增强型发射器的性能进行研究。图 4.11(a)所示红色曲线为增强型发射器与非增强型发射器电枢所受推力的比值,这一参数可以反映增强轨对电磁推力的贡献;图 4.11(a)中黑色曲线为增强型发射器与非增强型发射器接触压力的比值图,图 4.11(b)为接触压力与电磁推力的比值,这两个参数用来反映增强轨对接触压力的贡献。

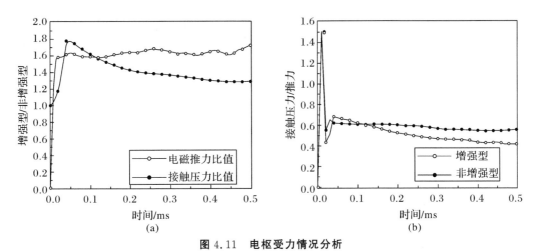

图 4.11　电枢受力情况分析

(a)增强型与非增强型发射器受力之比；(b)发射器接触压力与推力之比

可以看出,增强轨的使用使电枢受到的推力增大了 60% 以上,且这一比例在电枢运动过程中基本维持恒定,随时间变化趋势较小(未通电时电枢所受推力为 0,此时的比值不具备数学意义)。此外,增强轨也使电枢与轨道之间的接触压力增加,但增加的幅度小于推力的增加幅度,且随时间的推移逐渐减小。通过图 4.11(b)也可以看出,增强型电磁轨道发射器接触压力与电磁推力的比值随时间的推移减小,大部分时间低于非增强型电磁轨道发射器接触压力与电磁推力的比值。图 4.11(b)中初始时刻比值较大的原因为此时过盈配合产生的接触压力占主导地位,而由于电流幅值较小,电磁推力和电接触压力都比较小。通过上述分析可以得出结论,增强型电磁轨道发射器的增强轨对接触压力的贡献小于其对电磁推力的贡献,且增强轨对接触压力的贡献随时间的推移逐渐减小,这一结论与 Marshall 的研究结果相吻合[69],同时也说明不能采用无限制增加多匝增强轨的方式增大电枢受力(原因在于电枢运动速度越高,保持良好接触对接触压力的需求就越大)。根据王莹教授的研究[48],增强型电磁轨道发射器通常采用 2 匝、最多不能超过 3 匝增强轨为宜。

图 4.12 为 4.2 节定义的几个接触参数在通电情况下随时间推移的变化。

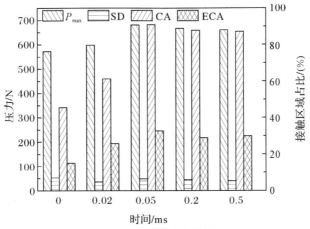

图 4.12　接触参数统计

可以看出,接触面上峰值接触压力 P_{max}、接触区域占比和有效接触区域占比随时间变化规律均与接触压力随时间变化规律类似:接触压力越大,则接触压力峰值、接触区域占比和有效接触区域占比均越大;通电后接触压力方差减小,但随着总接触力的增大,方差逐渐增大。这表明通电后接触面上接触压力的分布会更加均匀,但电磁力引起的接触压力增大会导致接触压力集中。此外,从图中还可以看出,通电后,接触区域占比超过 90%,有效接触区域占比在 30% 左右,这意味着接触分离现象逐渐消失,接触效率得到提升。分析接触压力峰值随时间的变化情况可知,尽管总接触力增大,但接触压力峰值变化并不明显,说明接触压力峰值区域受通电影响不大,总接触压力的增大主要体现在高接触压力区域面积的增加,这一现象也与云图的分布相符。

4.3 发射器多物理场耦合分析

电枢的运动是洛伦兹力作用的结果,涉及电磁感应、结构变形损伤、热生成等多种现象,会极大地影响发射器的性能。

4.3.1 发射器电磁特性分析

脉冲电源接通后,脉冲电流由电源正极馈入轨道,流经电枢后再由对侧轨道返回电源负极,形成回路。期间,电流的频率通常达到几千赫兹,电流的频率变化引起强烈的电磁相互作用,进而以趋肤效应的形式表现出来。此外,电枢运动会带来动生电动势,引起趋肤效应,改变电流分布。

图 4.13 为发射器电流密度分布云图,其中截面 1 位于电枢头部前 10 mm 处,截面 2 位于电枢喉部(与截面 1 之间距离 25 mm),截面 3 位于电枢臂尾端(与截面 1 之间距离 50 mm),截面 4 与截面 1 之间距离 70 mm。

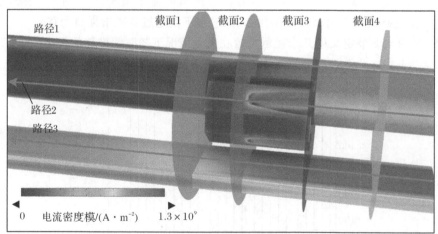

图 4.13　轨道电流密度云图

图 4.14 为轨道截面上电流密度分布云图,其中,图 4.14(a)对应截面 1,图 4.14(b)对应截面 2,图 4.14(f)对应截面 3,图 4.14(g)对应截面 4,图 4.14(c)(d)(e)为截面 2 与截面

3 之间间隔 5 mm 取的截面。从图 4.13 中可以在轨道上观察到趋肤效应、邻近效应：电流在轨道表面上较为集中、在轨道内部较小，主轨道与增强轨相邻的表面上电流密度较小。从图 4.14 中可以更清楚地观察到轨道上电流密度的分布。从图 4.14(a)中可以看出：在电枢前端，虽然主轨道未接入回路，但电磁感应现象使主轨道上存在一定电流；由于主轨道上不存在传导电流(图示截面电枢前方)，邻近效应明显减弱，主轨道与增强轨相邻的两个表面上电流密度较大。在轨道与电枢接触区域的几个截面图 4.14(c)(d)(e)上，可以观察到主轨道内表面电流密度明显增大，且越靠近电枢臂尾端的截面电流密度越集中，引起这一现象的原因有两个：一个原因是速度趋肤效应将电流向电枢臂尾端"拖曳"；另一个原因可以用安培定律解释，安培定律规定了回路中电阻对电流分配的影响，电阻越小的区域电流越大，因此当电流由轨道流向电枢时，更多地经过靠近电枢喉部的位置，这样轨道接入回路的距离更短，电阻更小。图 4.14(g)由于远离电枢，受安培定律规定的最短路原理影响较小，能够展示出标准的趋肤效应与临近效应的作用结果。

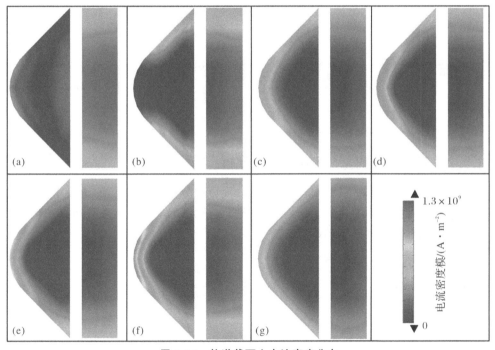

图 4.14　轨道截面上电流密度分布

图 4.15 为图 4.13 中路径 1～路径 4 上的电流密度分布，横坐标左端为炮尾方向，右端为炮口方向。其中，图 4.15(a)(b)分别绘制了路径 1(位于主轨道棱边)、路径 2(位于主轨道内表面中轴线)上的电流密度，图 4.15(c)(d)分别绘制了路径 3(增强轨内表面中轴线)、路径 4(增强轨外表面中轴线)上的电流密度。从主轨道上电流密度变化的情况可以看出电枢运动中的位置，比较图 4.15(a)(b)可以看出，未接入回路的主轨道上感应电流主要出现在轨道内侧，在棱边上几乎为零。从图 4.15(c)(d)中可以看出：主轨道与增强轨均通流的区域，受邻近效应影响增强轨上电流密度主要集中于内表面；主轨道不通流的区域，增强轨上电流密度更加集中于轨道外表面。

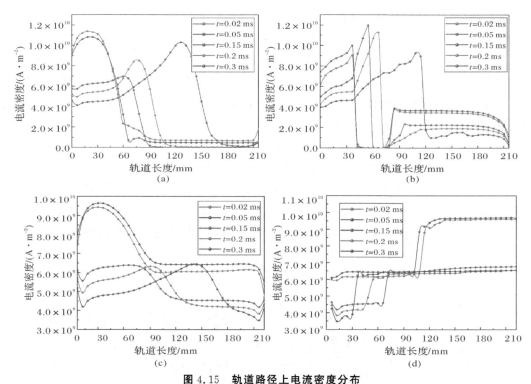

图 4.15　轨道路径上电流密度分布

(a)路径 1 上电流密度；(b)路径 2 上电流密度；(c)路径 3 上电流密度；(d)路径 4 上电流密度

4.3.2　发射器电磁场-结构场耦合分析

图 4.16 为发射过程中不同时刻电枢区域电流密度分布。可以看出，电枢上电流密度主要集中于电枢喉部和电枢臂尾端。在枢轨接触面上，随着时间变化电流分布更加均匀，呈现出从电枢尾部向电枢头部扩散的趋势。

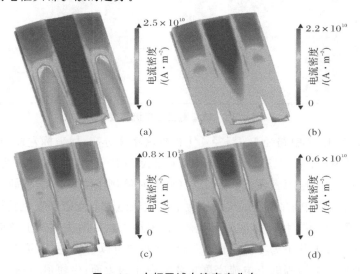

图 4.16　电枢区域电流密度分布

(a)$t=0.02$ ms；(b)$t=0.1$ ms；(c)$t=0.2$ ms；(d)$t=0.5$ ms

　　CLM 接触模型认为,接触压力越大的区域接触电阻越小,从图中也可以明显看出,接触压力集中的区域电流密度较大,且随着接触区域和有效接触区域的增加,电流分布更加均匀,最大电流密度减小,电流集中程度有所缓解。此外,图中电流密度最大值出现在电枢臂尾端,这一现象可以通过安培定律和速度趋肤效应解释。安培定律规定,电势差相同时,电阻越小,电流越大,也就是说,电流将更多地集中于电阻更小的区域和路径。由于电枢的电导率远大于轨道,所以电流将集中于电枢臂尾端。速度趋肤效应理论表明,电枢运动速度越大,电流将越多地被"拖曳"向电枢臂尾端。图 4.17 为电枢喉部电流密度分布情况。

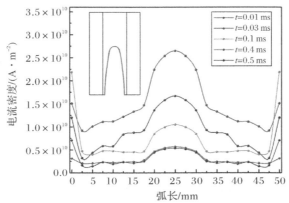

图 4.17　电枢喉部电流密度分布

　　可以看出:在 0.01 ms 和 0.03 ms 时刻,电枢喉部电流密度大于电枢臂尾端电流密度;其后,电枢臂尾端电流密度增加,大于喉部电流密度,这一现象也可以通过速度趋肤效应解释。但整体上,随着时间的推移,电枢区域电流密度减小。

　　为了进一步分析增强型电磁轨道发射器的电磁-结构场耦合现象,绘制了如图 4.18 所示的发射器通电状态下接触面上节点接触压力云图。其中右侧为电枢头部,左侧为电枢尾端。

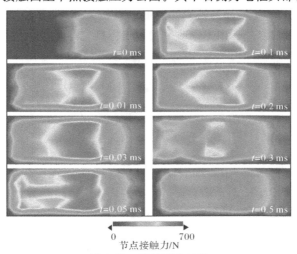

图 4.18　接触压力云图

　　从图 4.18 中可以看出,通电后接触压力集中的区域由装填后初始接触压力集中的区域向外扩展、向电枢臂尾端延伸;与装填后的初始接触状态相比,通电后电枢与轨道实际接触区域显著增大,接触压力分布更加均匀且不能观察到接触分离。这一现象是 CLM 模型接触电阻与接触压力之间关系的体现:接触压力越大,接触电阻越小,使得电流更加集中,进而导致接触压力更大。但受速度趋肤效应影响,接触压力在 0.05 ms 时刻达到峰值,其后尽管电流没有降低,0.2~0.5 ms 时刻的接触压力逐渐减小,但接触区域仍然维持了接触压力达到峰值时的区域。

图 4.19 为电枢臂中线上电流密度分布,横坐标原点为电枢头部,坐标轴右侧为电枢臂尾端。可以看出:由于电枢臂中段接触压力较大、接触电阻较小,所以该区域出现了电流密度峰值;受安培定律和速度趋肤效应的影响,电枢臂尾端出现了另一个电流密度峰值。

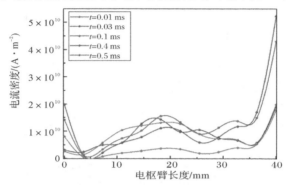

图 4.19　电枢臂上电流密度分布

从图 4.19 中还可以观察到,在电流恒定的条件下,随着时间的推移,电枢臂尾端电流密度峰值逐渐降低,中段电流密度峰值逐渐增加,原因在于接触压力的均匀分布使得电枢臂上电流密度分布更加均匀。此外,速度趋肤效应引起的附加电阻在高速阶段较大,也会导致电流密度减小。

4.3.3　电枢电磁场-温度场-结构场耦合分析

当前,制约电磁轨道发射器走向应用的最大问题在于轨道的寿命问题。轨道的损伤形式主要有刨削、烧蚀等,这些损伤与轨道的温度息息相关,因此有必要对发射器的温度特性进行研究。图 4.20 为发射过程中不同时刻发射器温度分布。

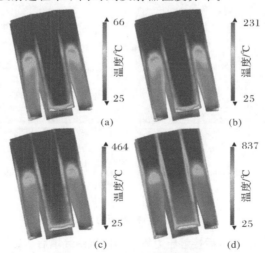

图 4.20　不同时刻电枢温度分布

(a)$t=0.02$ ms;(b)$t=0.1$ ms;(c)$t=0.2$ ms;(d)$t=0.5$ ms

可以看出,在发射过程中的不同时刻,电枢上温升现象主要出现在电枢喉部、电枢臂尾端和电枢臂外侧电流密度集中的区域。总体而言,电流密度越大的区域温升现象越明显。对比图 4.16 与图 4.20,一个明显的区别在于电枢臂表面电流密度较大但温度并不高,原因在于:温升效果具有时间累积效应,当前时刻的温度是前序所有时刻焦耳热共同作用的结果;而电流密度则不具有累积效应,当前时刻的电流密度与前序时刻无关。由于电流密度是随着时间逐渐由电枢臂尾端向电枢头部扩散的,所以越靠近电枢头部的区域温升的时间累积效应越不明显,温升也就越小。

对比图 4.17 与图 4.21 可以看出,路径上的温度分布始终保持电枢臂尾端大于电枢喉部的规律,而电流密度分布在 0.01 ms 与 0.03 ms 时喉部大于尾端,其后则尾端大于喉部。出现这一现象的原因在于,随着电枢速度的增加,速度趋肤效应对电流分布的影响增大,电流将被"拖曳"至电枢臂尾端。若不考虑摩擦热的影响,则路径上温度分布与电流分布应始终保持一致,但由于摩擦热主要集中于电枢臂尾端(电枢臂尾端过盈量最大),改变了路径上的温度分布,使电枢臂尾端温度高于电枢喉部。

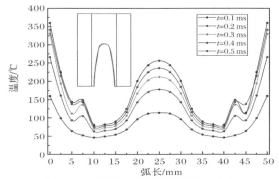

图 4.21 不同时刻电枢喉部温度分布

不同于发射器电流分布特性,发射器的温升现象具有累积效应,与时间历程有关,因此发射器轨道上的温度分布受到电枢运动的影响。在平顶脉冲电流的激励下,电枢在短时间内被加速至高速。图 4.22 为发射器工作过程中不同时刻轨道上温度分布云图。

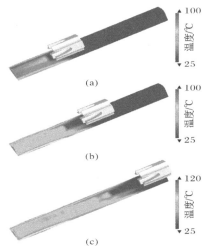

图 4.22 不同时刻轨道温度分布

(a)$t=0.15$ ms;(b)$t=0.3$ ms;(c)$t=0.5$ ms

可以看出,轨道上温升最大的区域位于轨道两侧边角处,受趋肤效应影响,该区域也是电流密度的集中区域。轨道上另一个温升明显的区域是轨道的内侧表面,轨道内侧正中心存在温升集中区域,原因在于该区域与电枢相互摩擦产生热量。

在轨道温度分布云图上能观察到的另一个现象是,轨道与电枢接触面上的温升相较于电枢运动的位置有明显的滞后,可能的原因有:速度趋肤效应将电流向后方"拖曳"导致电流传导滞后于电枢运动;由于发射器的工作过程十分短暂,轨道末端的热量累积效应更加明显。发射器工作时间的瞬态特性也导致热传导现象不明显,温度较高的区域并未明显地由产热区域向周边扩散,使得发射器的温升特性比较简单。

4.4 小　　结

本章介绍了发射器工作过程中涉及的电磁场、温度场、结构场控制方程及其耦合关系,并推导了采用拉格朗日坐标、有限元-边界元耦合方法求解 $A-\phi-A$ 格式的电磁场控制方程的有限元矩阵,得到了电磁轨道发射器多物理场耦合仿真模型。基于该模型,对第 2 章设计得到的发射器进行了研究,对发射器采用不同方法的电枢装填过程及装填后的初始接触状态、采用平顶脉冲激励的电枢运动过程及运动过程中的多物理场耦合现象进行了分析。研究发现,增强轨的使用增大了电枢受到的推力,但同时使接触压力/电磁推力比减小,因此,电枢在高速时保持良好接触状态的能力下降。该现象说明不能通过无限制的增加增强轨的匝数提升电磁推力。在分析发射器的多物理场耦合现象时发现,发射器的电磁场、结构场、温度场之间存在强耦合关系,具体表现在:发射器受力状态会通过接触电阻和速度趋肤效应影响电流分布,进而影响发射器温升和受力状态;发射器受力状态同时通过摩擦力影响发射器温升等。上述分析能够为探索发射器的多物理场耦合机理、设计电磁轨道发射器的结构和热防护方法提供一定参考。

第 5 章 四极复合型轨道电磁发射器多物理场耦合仿真

四极复合型轨道电磁发射器在工作过程中,会产生结构变形、温度变化、电磁干扰、振动等多种现象,涉及包括电磁场、温度场、结构场等多种物理场的相互耦合,其作用机理相当复杂。本章首先对四极复合型轨道电磁发射器和传统的四极轨道电磁发射器的电流密度分布、磁场分布以及受力状况进行分析,探究复合层参数对电磁特性的影响。在此基础上,利用 ANSYS Workbench 仿真平台进行电磁-结构、电磁-温度和电磁-温度-结构仿真计算,探究不同因素作用下四极复合型轨道电磁发射器的多物理场耦合特性。

5.1 四极复合型轨道电磁发射器模型

四极复合型轨道电磁发射器模型和四极电枢模型分别如图 5.1 和图 5.2 所示。四极复合型轨道电磁发射器模型中,轨道以具有良好导电性和导热性的铜作为基层材料,可保证通流能力和发射所需的磁场环境;以具有良好的刚度和耐烧蚀性的钢作为增强材料,可提高轨道的耐磨性,将两种材料结合起来,可有效发挥二者的优势。电流从复合型轨道的铜轨道端面流入,在枢轨接触位置穿过钢轨道流经电枢后从相邻轨道流出。轨道的电流在发射区域产生一个四极磁场,与流经电枢的电流正交作用推动电枢向 $+z$ 方向运动。

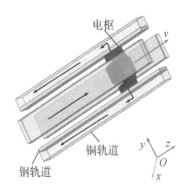

图 5.1 四极复合型轨道电磁发射器模型图

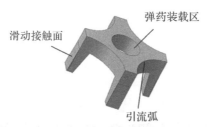

图 5.2　四极电枢模型

采用固体电枢承载负载。固体电枢避免了等离子体电枢中存在的电弧烧蚀问题,因此能增强发射器的使用寿命。电枢中部镂空,为装载负载提供空间;为保证轨道与电枢之间良好的电接触,适当增长了电枢尾部;电枢四角设置电流引流弧来实现对电流的集中控制,增强发射推力,同时也利于电枢区域热量的流通和散发。

综合考虑电枢和轨道的通流能力和机械强度,四极复合型轨道电磁发射器的口径为 80 mm×80 mm,铜轨道长度为 1 000 mm,高度为 40 mm,宽度为 18 mm,钢轨道的长度 l 和高度 h 与铜轨道一致,分别为 1 000 mm 和 40 mm,宽度为 2 mm;电枢的长度为 40 mm,喉部厚度为 15 mm。传统的四极轨道电磁发射器的口径、轨道长度、轨道高度和宽度均与四极复合型轨道电磁发射器保持一致。轨道和电枢材料特性见表 5.1。

表 5.1　电枢和轨道材料特性

	密度/(kg·m⁻³)	电导率/(S·m⁻¹)	相对磁导率
铜轨道	8 900	$5.8×10^7$	1
钢轨道	7 800	$2.0×10^6$	200
铝电枢	2 700	$3.8×10^7$	1

两种模型建立后,必须构建相关函数对电流进行加载。电磁轨道发射为复杂的瞬态过程,应采用瞬态电流进行仿真。通过波形研究发现,脉冲强电流直接施加在轨道上会产生较为震荡强烈的电磁力,应用梯形电流波形的效果最好。因此本节所采用的瞬态仿真电流选取梯形激励,如图 5.3 所示。整个电流导通时间为 6 ms,峰值为 150 kA,电流峰值持续时间为 2 ms。由于电流在短时间内迅速变化,会产生感应电流,即未通电部分会产生涡流效应,通电部分产生电流趋肤效应,所以可通过设置"Eddy Effect"以考虑电流的趋肤效应。设定求解的真空区域为 300%。

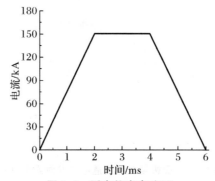

图 5.3　瞬态仿真电流图

5.2　四极复合型轨道电磁发射器力学模型

5.2.1　四极磁场分布计算模型

如图 5.4 所示,选取某一发射横截面,对轨道电流在发射区域产生的磁感应强度进行分析。

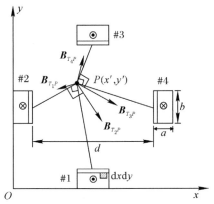

图 5.4　轨道电流产生磁场示意图

将轨道依次编号为 $m=1,2,3,4$,设发射器口径为 d,复合轨道宽为 a,轨道高为 b,电流面密度为 J,根据毕奥-萨法尔定律,有

$$\mathrm{d}\boldsymbol{B}=\frac{\mu_0}{4\pi}\frac{I\,\mathrm{d}\boldsymbol{l}\times\boldsymbol{R}}{|\boldsymbol{R}^3|}\tag{5.1}$$

轨道 1 中截面电流源 $J\,\mathrm{d}x\,\mathrm{d}y\boldsymbol{k}$ 在点 $P(x',y')$ 产生的磁感应强度为

$$d\boldsymbol{B}_{T_1P}=\frac{\mu_0 J}{4\pi}\frac{\mathrm{d}x\,\mathrm{d}y}{|\boldsymbol{R}^3|}[\boldsymbol{k}\times(x-x')\boldsymbol{i}+\boldsymbol{k}\times(y-y')\boldsymbol{j}]\tag{5.2}$$

式中:μ_0 为真空中的磁导率;$\boldsymbol{k}$ 为轨道电流方向的单位向量;$\boldsymbol{R}$ 为电流源中心点 (x,y) 与 $P(x',y')$ 之间的距离矢量,即 $\boldsymbol{R}=(x-x')\boldsymbol{i}+(y-y')\boldsymbol{j}$,则 $|\boldsymbol{R}|=\sqrt{(x-x')^2+(y-y')^2}$;$\boldsymbol{B}_{T_mP}$ 为第 m 根轨道截面电流在点 $P(x',y')$ 产生的磁感应强度,则积分可得轨道 1 截面内电流在 $P(x',y')$ 磁感应强度为

$$\boldsymbol{B}_{T_1P}=\oiint_{S_1}\frac{\mu_0 J}{4\pi|\boldsymbol{R}^3|}[\boldsymbol{k}\times(x-x')\boldsymbol{i}+\boldsymbol{k}\times(y-y')\boldsymbol{j}]\mathrm{d}x\,\mathrm{d}y\tag{5.3}$$

式中:S_1 为第 1 根复合型轨道的铜轨道截面面积。

则第 m 根复合轨道截面内电流在 $P(x',y')$ 磁感应强度为

$$\boldsymbol{B}_{T_mP}=\oiint_{S_m}\frac{\mu_0 J(-1)^{m+1}}{4\pi|\boldsymbol{R}^3|}[\boldsymbol{k}\times(x-x')\boldsymbol{i}+\boldsymbol{k}\times(y-y')\boldsymbol{j}]\mathrm{d}x\,\mathrm{d}y\tag{5.4}$$

将上述结果扩展到三维空间,第 m 根复合型轨道截面电流在空间区域 $P(x',y',z')$ 的磁感应强度为

$$\boldsymbol{B}_{T_mP}=\oiint_{S_m}\frac{\mu_0 J}{4\pi}\frac{(-1)^{m+1}}{|\boldsymbol{R}_1^3|}[\boldsymbol{k}\times(x-x')\boldsymbol{i}+\boldsymbol{k}\times(y-y')\boldsymbol{j}+\boldsymbol{k}\times(z-z')\boldsymbol{k}]\mathrm{d}x\,\mathrm{d}y\tag{5.5}$$

式中：$\boldsymbol{R}_1 = (x-x')\boldsymbol{i} + (y-y')\boldsymbol{j} + (z-z')\boldsymbol{k}$。

当某一时刻电枢沿轨道运动到 $z(t)$ 处时，第 m 根轨道通电段在空间区域 $P(x',y',z')$ 的磁感应强度为

$$\boldsymbol{B}_{T_m P} = \int_0^{z(t)} \boldsymbol{B}_{T_m P} \mathrm{d}z =$$

$$\int_0^{z(t)} \left\{ \oiint_{S_m} \frac{\mu_0 J}{4\pi} \frac{(-1)^{m+1}}{|\boldsymbol{R}_1^3|} \left[\boldsymbol{k} \times (x-x')\boldsymbol{i} + \boldsymbol{k} \times (y-y')\boldsymbol{j} + \boldsymbol{k} \times (z-z')\boldsymbol{k} \right] \mathrm{d}x\mathrm{d}y \right\} \mathrm{d}z \tag{5.6}$$

根据磁场的矢量叠加原理，四根复合型轨道在 $P(x',y',z')$ 所产生的电磁感应强度为

$$\boldsymbol{B}_{TP} = \sum_{m=1}^{4} \boldsymbol{B}_{T_m P} \tag{5.7}$$

电枢中电流分布如图 5.5 所示，可知电流主要集中分布在四段引流弧处，则电枢中电流在发射区域 $P(x',y',z')$ 产生的磁感应强度为

$$\boldsymbol{B}_{AP} = \sum_{n=1}^{4} \boldsymbol{B}_{A_n P} = \frac{\mu_0}{8\pi} \sum_{n=1}^{4} \int_{l_n} \frac{I \mathrm{d}l_n \times \boldsymbol{R'}}{|\boldsymbol{R'}^3|} \tag{5.8}$$

式中：$\boldsymbol{B}_{A_n P}$ 为电枢中第 n 段引流弧在 $P(x',y',z')$ 产生的磁感应强度；l_n 为第 n 段引流弧的长度；$\boldsymbol{R'} = (x-x')\boldsymbol{i} + (y-y')\boldsymbol{j} + (z(t)-z')\boldsymbol{k}$。

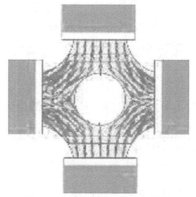

图 5.5 电枢电流密度矢量图

空间任意点的磁感应强度为轨道和电枢产生的的磁感应强度之和为

$$\boldsymbol{B}_P = \boldsymbol{B}_{AP} + \boldsymbol{B}_{TP}$$

$$= \frac{\mu_0}{8\pi} \sum_{n=1}^{4} \int_{l_n} \frac{I \mathrm{d}l_n \times \boldsymbol{R'}}{|\boldsymbol{R'}^3|} +$$

$$\sum_{m=1}^{4} \int_0^{z(t)} \left\{ \oiint_{S_m} \frac{\mu_0 J}{4\pi} \frac{(-1)^{m+1}}{|\boldsymbol{R}_1|} \left[\begin{array}{l} \boldsymbol{k} \times (x-x')\boldsymbol{i} + \boldsymbol{k} \times (y-y')\boldsymbol{j} + \\ \boldsymbol{k} \times (z-z')\boldsymbol{k} \end{array} \right] \mathrm{d}x\mathrm{d}y \right\} \mathrm{d}z \tag{5.9}$$

为使结果更具有通用性，去掉下标 P，则发射空间任一点磁感应强度为

$$\boldsymbol{B} = \boldsymbol{B}_A + \boldsymbol{B}_T = \frac{\mu_0}{8\pi} \sum_{n=1}^{4} \int_{l_n} \frac{I \mathrm{d}l_n \times \boldsymbol{R'}}{|\boldsymbol{R'}^3|} +$$

$$\sum_{m=1}^{4} \int_0^{z(t)} \left\{ \oiint_{S_m} \frac{\mu_0 J}{4\pi} \frac{(-1)^{m+1}}{|\boldsymbol{R}_1|} \left[\begin{array}{l} \boldsymbol{k} \times (x-x')\boldsymbol{i} + \boldsymbol{k} \times (y-y')\boldsymbol{j} + \\ \boldsymbol{k} \times (z-z')\boldsymbol{k} \end{array} \right] \mathrm{d}x\mathrm{d}y \right\} \mathrm{d}z \tag{5.10}$$

5.2.2　轨道在四极磁场中受力分析

复合型轨道在磁场中受力情况如图 5.6 所示。复合型轨道主要受到电磁排斥力、电枢挤压力和滑动摩擦力。发射装置通电后,四极电枢沿着复合型轨道运动,轨道通电长度不断增加,假设电磁排斥力 $\boldsymbol{F}_T$ 均匀分布在轨道上,电磁力载荷为 $\boldsymbol{q}$,由于电枢长度远小于轨道通流段长度,暂不考虑电枢对轨道的排斥力,高脉冲电流势必会在枢轨处产生大量的热,所以复合型轨道还会受到四极电枢热膨胀对其产生的挤压力,将其简化为电枢中点处的集中力 $\boldsymbol{P}$。

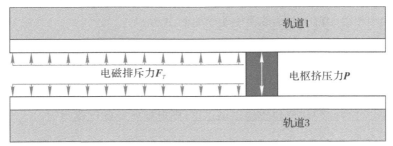

图 5.6　轨道受力分析图

1. 电磁排斥力

由安培定律可得四极磁场区域内带电导体所受的电磁力。根据电磁力公式,有

$$\mathrm{d}\boldsymbol{F} = \boldsymbol{I}\,\mathrm{d}l \times \boldsymbol{B} \tag{5.11}$$

式中:$\boldsymbol{I}$ 为电流强度;l 为带电导体长度。

可得单位长度轨道所受的电磁力为

$$\begin{aligned}
\boldsymbol{q} &= \oiint\limits_{S} J\boldsymbol{B} \times \boldsymbol{k}\,\mathrm{d}x\,\mathrm{d}y \\
&= J \oiint\limits_{S} (\boldsymbol{B}_A + \boldsymbol{B}_T) \times \boldsymbol{k}\,\mathrm{d}x\,\mathrm{d}y \\
&= J \oiint\limits_{S} \left(\frac{\mu_0}{8\pi} \sum_{n=1}^{4} \int_{l_n} \frac{\boldsymbol{I}\,\mathrm{d}l_n \times \boldsymbol{R}'}{|\boldsymbol{R}'^{3}|} + \sum_{m=1}^{4} \boldsymbol{B}_{T_m} \right) \times \boldsymbol{k}\,\mathrm{d}x\,\mathrm{d}y
\end{aligned} \tag{5.12}$$

式中:S 为电流源所在的通电截面面积,则单根轨道所受的电磁力为

$$\begin{aligned}
\boldsymbol{F}_T &= z(t)\boldsymbol{q} \\
&= z(t)J \oiint\limits_{S} \left(\frac{\mu_0}{8\pi} \sum_{n=1}^{4} \int_{l_n} \frac{\boldsymbol{I}\,\mathrm{d}l_n \times \boldsymbol{R}'}{|\boldsymbol{R}'^{3}|} + \sum_{m=1}^{4} \boldsymbol{B}_{T_m} \right) \times \boldsymbol{k}\,\mathrm{d}x\,\mathrm{d}y
\end{aligned} \tag{5.13}$$

2. 电枢挤压力

四极电枢热源功率为

$$Q = 0.86 \frac{J'^{2}}{\sigma_a} \tag{5.14}$$

式中:J' 和 σ_a 分别为四极电枢电流密度和电导率。

考虑到电枢和外界的热交换,根据胡克定律,则四极电枢对复合型轨道的热膨胀挤压力大小可近似为

$$P = \frac{Qb^2 E_A a \alpha_A}{6}\left(\frac{b}{\lambda_A} + \frac{6}{\alpha_F}\right) \tag{5.15}$$

式中:E_A、α_A 和 λ_A 分别为电枢的弹性模量、线胀系数和热传导系数;α_F 为电枢材料的换热系数,其方向为电枢和轨道接触面的正法线方向。

四极电枢与复合型轨道相对运动,两者之间势必存在滑动摩擦力,轨道受到的摩擦力与电枢摩擦力大小相等,方向相反,在下一小节进行分析。

5.2.3　四极电枢在四极磁场中受力分析

四极电枢在磁场中主要受到电磁力、轨道对电枢的反挤压力以及滑动摩擦力作用。

由式(5.10)可得空间任意位置的磁场强度,则电枢所受的电磁力为

$$\begin{aligned}
\boldsymbol{F}_A &= \sum_{n=1}^{4} \boldsymbol{F}_n \\
&= \frac{\boldsymbol{I}}{2} \sum_{n=1}^{4} \int_{l_n} (\boldsymbol{B}_A + \boldsymbol{B}_T) \times \mathrm{d}l \\
&= \frac{\boldsymbol{I}}{2} \sum_{n=1}^{4} \int_{l_n} \left(\frac{\mu_0}{8\pi} \sum_{n=1}^{4} \int_{l_n} \frac{\boldsymbol{I}\mathrm{d}l_n \times \boldsymbol{R}'}{|\boldsymbol{R}'^3|} + \sum_{m=1}^{4} \boldsymbol{B}_{T_m}\right) \times \mathrm{d}l
\end{aligned} \tag{5.16}$$

复合型轨道对四极电枢反挤压力可表示为

$$\boldsymbol{P}_A = -\boldsymbol{P} \tag{5.17}$$

电枢和轨道接触面的滑动摩擦力与正压力成正比,正压力主要包括三部分:复合型轨道对电枢的反挤压力 P_A、初始预紧力 F_0 以及电磁力在轴向上的分量 F_1。则枢轨间的滑动摩擦力大小可表示为

$$\begin{aligned}
F_f &= 4\mu_f (P_A + F_0 + F_1) \\
&= 4\mu_f \left[\frac{Qb^2 E_T a \alpha_T}{6}\left(\frac{b}{\lambda_T} + \frac{6}{\alpha_F}\right) + F_0 + \frac{1}{2}L'I^2\cos\theta\right]
\end{aligned} \tag{5.18}$$

式中:μ_f 为滑动摩擦因数;L' 为装置的电感梯度;θ 为电枢臂尾翼与轨道的夹角。

综上所述,结合式(5.16)~式(5.18),四极电枢所受到的电磁推力为

$$\begin{aligned}
\boldsymbol{F} &= |\boldsymbol{F}_A|_k - \boldsymbol{F}_f \\
&= \left|\frac{\boldsymbol{I}}{2} \sum_{n=1}^{4} \int_{l_n} \left(\frac{\mu_0}{8\pi} \sum_{n=1}^{4} \int_{l_n} \frac{\boldsymbol{I}\mathrm{d}l_n \times \boldsymbol{R}'}{|\boldsymbol{R}'^3|} + \sum_{m=1}^{4} \boldsymbol{B}_{T_m}\right) \times \mathrm{d}l\right|_k - \\
&\quad 4\mu_f \left[\frac{Qb^2 E_T a \alpha_T}{6}\left(\frac{b}{\lambda_T} + \frac{6}{\alpha_F}\right) + \boldsymbol{F}_0 + \frac{1}{2}L'\boldsymbol{I}^2\cos\theta\right]
\end{aligned} \tag{5.19}$$

5.3　四极复合型轨道电磁特性分析

5.3.1　电流密度分布分析

电流的分布会直接影响磁场的分布,同时电流密度强度和位置影响着发射装置热量的产生和聚集。由前面的分析可知,焦耳热是发射装置的主要热量来源,其与电流大小的二次方和电阻成正比。而电阻由轨道和电枢的材料性质决定,一般难以改变,因此产热量主要是由电流大小来决定的。电流越集中的部位,相应的产热量也越高,热积累会造成材料软化甚至热损伤,材料软化会直接影响发射装置的发射效能,轨道热损伤则直接对发射器的使用寿命造成影响,因此有必要对轨道和电枢的电流密度分布进行研究。

图 5.7 和图 5.8 分别为传统的四极轨道和四极复合型轨道在 4 ms 时刻的电流密度分布图。从图 5.7 和图 5.8 可知,传统的四极轨道和四极复合型轨道的电流密度分布不同。从电流密度大小来看,当采用相同的电流条件时,传统的四极轨道的电流密度达到 4.04×10^9 A/m^2,而四极复合型轨道的最大电流密度仅为 2.91×10^9 A/m^2;从电流分布的位置来看,两者的差别也较为明显,传统的四极轨道电流在中间区域分布极少,主要分布在轨道的表面薄层和四条棱边上,这是由电流的趋肤效应和邻近效应导致的,两条相邻的轨道电流方向相反,满足了电流邻近效应的条件,因此电流会相互靠近,造成电流在内侧棱边上分布较为集中,说明邻近效应也是电磁分析中必须要考虑的一个因素。而四极复合型轨道由两种材质构成,且铜的电导率比钢要大得多,因此复合型轨道电流主要分布在铜轨道上,在铜轨道上的分布规律与传统的轨道分布大致相同,中间区域电流密度极小,主要分布在外侧薄层和棱边上。在铜基轨道内侧棱角并无明显的电流集中。电流在电枢与轨道接触处集中流入,因此该位置有较大的电流密度。钢轨道的其他位置处几乎没有电流流过。

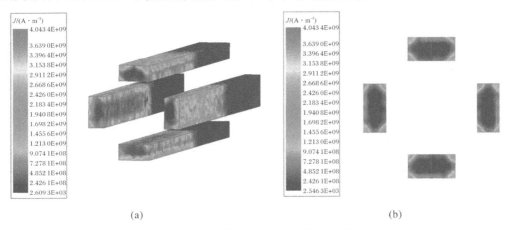

(a)　　　　　　　　　　　　　　　　　　(b)

图 5.7　传统的四极轨道电流分布图

(a)电流密度分布图;(b)轨道横截面电流分布图

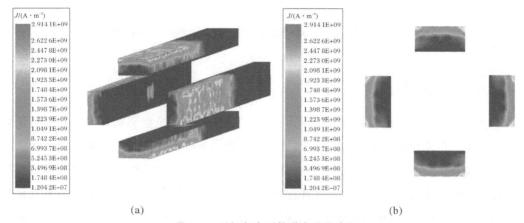

图 5.8　四极复合型轨道电流分布图

(a)电流密度分布图；(b)轨道横截面电流分布图

　　虽然两种轨道的几何尺寸相同,但四极复合型轨道的通流面积要小于传统的四极轨道,加载相同大小电流后,传统的四极轨道的最大电流密度却大于四极复合型轨道,这可能是因为传统的四极轨道中电流的趋肤效应和邻近效应更为明显,电流更多地集中在棱边上,而四极复合型轨道由于轨道材料的特性,电流仅在枢轨接触位置有较大的电流密度。可见四极复合型轨道可降低轨道的最大电流密度,在一定程度上缓解热损伤。

　　为更清晰地探究电流在轨道轴向上的分布规律,选取如图 5.9 所示的截面进行分析。

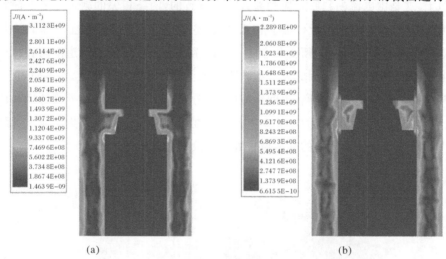

图 5.9　发射器轴向电流分布图

(a)传统的四极轨道电磁发射器；(b)四极复合型轨道电磁发射器

　　由图 5.9 可知,传统的四极轨道电磁发射器的电流集中分布在轨道的两侧,在轨道的中部区域几乎没有电流分布。电流主要从电枢的侧边传导,当电流流至枢轨接触处时,受电流的短路效应影响,部分电流从电枢尾部流入。因为铜轨道的电阻率最小,铝电枢次之,钢轨道的电阻率最大,所以部分电流会向枢轨接触界面前端聚集,从电枢头部流入。四极复合型轨道中的电流更多地分布在铜轨道中,电流在枢轨接触处经钢轨道流入电枢。从电流分布可以看出,四极复合型轨道的电流较为均匀地流入电枢,这与传统的四极轨道有较大差别,说明四极复合型轨道电磁发射器的结构能缓解接触面电流分布的不均匀程度。

由上述分析可知,电枢和轨道接触面电流会出现分布不均匀。为更直观地反映接触面电流的分布情况,选取电枢及接触面进行仿真分析,结果如图 5.10 和图 5.11 所示。

对比图 5.10(a)和图 5.11(a)可知,由于四极电枢的特殊结构,所以电枢电流主要分布在四条引流弧上,说明引流弧的设计合理,能够起到集中传导电流的作用。电枢臂内侧棱边上也有较多的电流分布,电枢喉部处集中严重,这是由电流的最短路径决定的。分析图 5.10(b)和图 5.11(b)可知:由于轨道宽度比电枢宽度大,所以电流也从电枢臂两侧流入电枢;受电流的邻近效应影响,接触面的四周电流较为集中,在接触面中部几乎没有电流分布。但四极复合型轨道电磁发射器的枢轨接触面零区域电流面积要小于传统型的,且最大电流密度主要集中在接触面的头部和尾部。

在电流大小上,传统的四极轨道电磁发射器电枢最大电流密度可达 7.79×10^9 A/m^2,而四极复合型轨道电磁发射器电枢最大电流密度仅为 7.28×10^9 A/m^2,降低了 6.5%;同时,传统型枢轨接触面上的最大电流密度为 3.83×10^9 A/m^2,四极复合型轨道电磁发射器枢轨接触面上的最大电流密度为 2.60×10^9 A/m^2,前者为后者的 1.47 倍。说明复合型轨道可降低电枢和枢轨接触面上的最大电流密度,且接触面零区域面积更大,能够改善接触面上的电流分布状况。

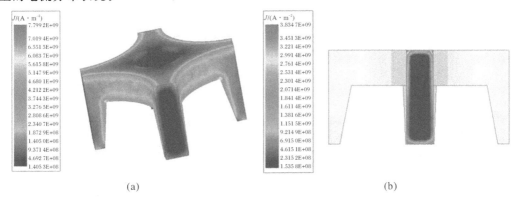

(a)　　　　　　　　　　　　　　　　　(b)

图 5.10　传统的四极轨道电磁发射器电枢电流分布

(a)电流密度分布图;(b)滑动接触面电流分布图

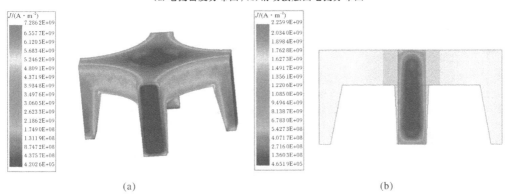

(a)　　　　　　　　　　　　　　　　　(b)

图 5.11　四极复合型轨道电磁发射器电枢电流分布

(a)电流密度分布图;(b)滑动接触面电流分布图

5.3.2 磁场分布分析

作为影响电磁推力的因素之一,磁场分布与电流分布密切相关。下面在 5.3.1 节分析的基础上,对传统的四极轨道电磁发射器和四极复合型轨道电磁发射器的磁场强度进行分析。结果如图 5.12 和图 5.13 所示。

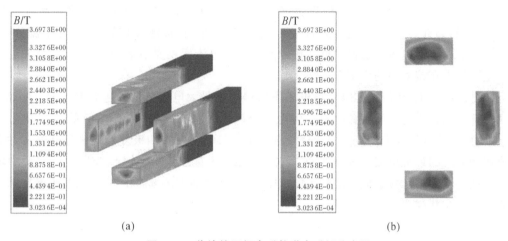

(a)   (b)

图 5.12   传统的四极电磁轨道电磁场分布图

(a)磁场分布图;(b)轨道横截面磁场分布图

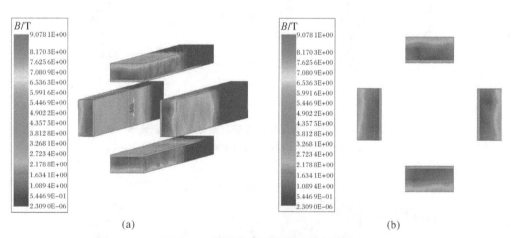

(a)   (b)

图 5.13   四极复合型轨道电流分布图

(a)磁场分布图;(b)轨道横截面磁场分布图

由图 5.12 和图 5.13 可知,受电流分布影响,磁场也主要集中在轨道的表面,传统的四极轨道的棱边上最为明显。四极复合型轨道的磁场分布与传统的四极轨道相似,但有一个明显特点:在铜-钢轨道交界面处出现了磁场的集中。这是因为不同材料的磁导率不同,钢的磁导率接近空气的 200 倍,因此不同于电流分布,磁场在钢轨道上也有较大的分布。

下面选取如图 5.14 所示的截面分析磁场在发射器内部轴向上的分布。

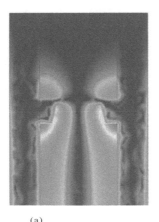

(a)　　　　　　　　　　　　　　　　　　(b)

图 5.14　发射器轴向磁场分布图

(a)传统的四极轨道电磁发射器；(b)四极复合型轨道电磁发射器

由于发射器的结构特点,所以轨道电流产生的磁场在发射区域中部位置处相互抵消,形成一个中空磁场,减弱了强磁干扰,可极好地满足智能负载对磁场环境的要求。两种电枢底部均出现了较强的磁场强度,这与电流的分布有关。电流越集中,在空间中激发的磁场强度越强,因此轨道两侧也有较强的磁场强度。与传统的四极轨道电磁发射器所不同的是,四极复合型轨道电磁发射器在钢轨道层也有较强的磁场分布。对比弱磁区域可发现,四极复合型轨道电磁发射器的中空区域面积更大,说明四极复合型轨道电磁发射器能更好地满足电磁屏蔽要求。

为更直观地分析电枢磁场,对电枢前后端面磁场强度进行仿真。图 5.15 为电枢前、后端面的磁场强度分布云图。对传统的四极轨道电磁发射器电枢端面的磁场进行分析可知,端面的磁场分布具有对称性,且在电枢的中间区域可明显看到零磁场区域,可有效实现电枢特定区域的电磁屏蔽。电枢后端面磁场强度可达 3.6 T,而前端面磁场强度为 2.9 T,因此电枢后端面的磁场强度大于电枢前端面。电枢前端面磁场强度最大值位于电枢引流弧处,电磁推力由电流与磁场相互正交产生,两者均在电枢引流弧处聚集,有利于提升发射效率。四极复合型轨道电磁发射器电枢端面磁场分布与前者相似,不同的是,后者的后端面磁场强度最高可达 9 T,前端面可达 6 T,分别是前者的 2.5 倍和 2.1 倍。同时,在钢轨道上也有较强的磁场分布。

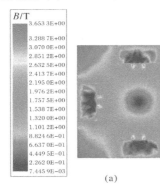

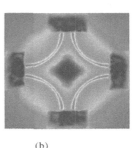

(a)　　　　　　　　　　　　　　　　　　(b)

图 5.15　两种电枢端面磁场分布图

(a)传统的四极轨道电磁发射器电枢后端面；(b)传统的四极轨道电磁发射器电枢前端面

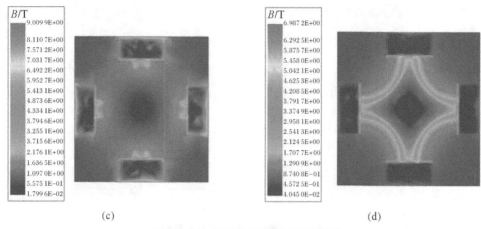

(c)   (d)

续图 5.15　两种电枢端面磁场分布图

(c)四极复合型轨道电磁发射器电枢后端面;(d)四极复合型轨道电磁发射器电枢前端面

　　为分析截面不同位置处的磁场强度,设定如图 5.16 所示的四条路径,分别为路径 1～4。其中:路径 1 为距电枢底部 30 mm 处,平行于电枢底部;路径 2 和路径 3 分别为电枢底部和电枢头部处;路径 4 为距电枢头部 30 mm 处,平行于电枢头部。对两种发射器的四条路径分别进行仿真。

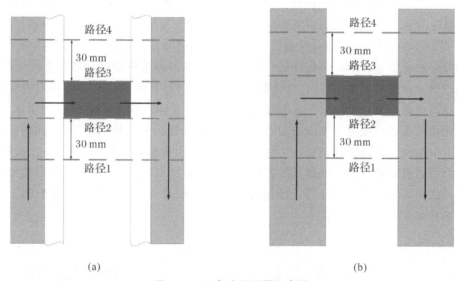

(a)   (b)

图 5.16　四条路径位置示意图

(a)四极复合型轨道电磁发射器;(b)传统的四极轨道电磁发射器

　　由图 5.17 可知,两种电磁发射器在路径 1 上的磁场分布有相似之处。受电流趋肤效应影响,电流主要分布在轨道外侧,电流密度越大,在空间中激发的磁场强度越大,因此在轨道外侧磁场强度较大;之后迅速下降,这是因为从外侧向内侧,电流密度迅速较小,激发的磁场迅速降低,而在轨道中部区域几乎没有电流分布,则该位置处的磁场强度很低。在 20 mm 处磁场强度有较为明显的上升,这是因为受电流邻近效应影响,轨道内侧也有一定的电流分布,也会激发相应的磁场,在发射区域磁场降低至零,这是由四极轨道电磁发射器的结构特性决定的。电流所激发的磁场在发射区域相互抵消,形成弱磁区域,实现电磁自屏蔽,有利于智能负载的发射。而值得注意的是,四极复合型轨道的磁场强度在 18 mm 处(铜轨道和钢轨道的交界位置)有一个明显的突变,出现了极值。这是因为钢的磁导率接近空气的 200 倍,比铜要大得多,所以在钢轨道上出现了磁场峰值,最高可达 3.5 T。这与之前分析的相符合。对比发射区域中间磁场区域的磁场强度可知,四极复合型轨道电磁发射器(又称为复合型)要小于传统的四极轨道电磁发射器。

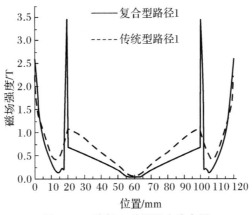

图 5.17　路径 1 磁场强度分布图

分析图 5.18 和图 5.19 可知,四极复合型轨道电磁发射器和传统的四极轨道电磁发射器路径 2 和路径 3 的磁场分布具有一致性。前者的路径 2 和 3 磁场分布较相似且具有对称性。在轨道外侧有较强的磁场强度,靠近轨道中部,磁场逐渐减小,铜轨道中部区域磁场降至 0 T;在铜钢交界处有明显的跃升,在发射区域中部又逐渐降低。对比电枢前端的磁场强度,四极复合型轨道电磁发射器的磁场强度要大于传统型的磁场强度,且四极复合型轨道电磁发射器的弱磁区间比传统型的要大,能较好地保证智能负载对发射的磁场需求。

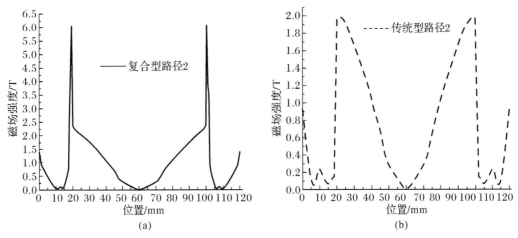

(a)　　　　　　　　　　　(b)

图 5.18　路径 2 磁场强度分布图

(a)复合型;(b)传统型

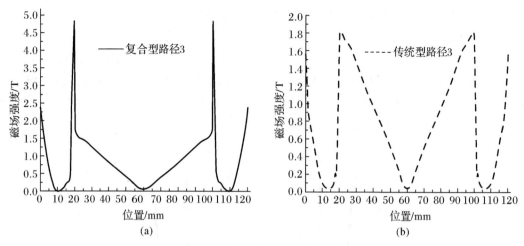

图 5.19　路径 3 磁场强度分布图

(a)复合型;(b)传统型

由图 5.20 可知,传统型路径 4 上的磁场强度很弱,最大仅为 450 mT 左右。复合型发射器最大值为 3 T,仅限于钢轨道上,大部分区域均小于 0.5 T。

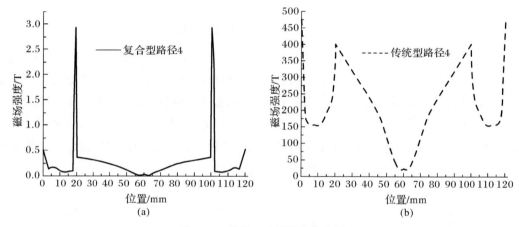

图 5.20　路径 4 磁场强度分布图

(a)复合型;(b)传统型

5.3.3　复合层参数对电磁特性的影响

上述分析结果表明,与传统的四极轨道电磁发射器相比,轨道添加钢层后发射器的电磁特性会发生一定的变化。为探究复合层轨道铜-钢的厚度比对发射器电磁特性的影响,控制轨道厚度为 20 mm 不变,分别对铜-钢厚度比为 1:1、3:1、4:1 和 9:1 的发射器进行仿真,分析铜-钢厚度比对电枢和轨道电流密度和磁场强度的影响,研究四极复合型轨道电磁特性与复合层参数的关系。

1.复合层参数对电流密度的影响

图 5.21 为不同铜-钢厚度比下,钢轨道枢轨接触面上的电流密度分布图。

由图 5.21 可知,铜-钢厚度比主要影响钢轨道枢轨接触面上的电流密度大小,对电流分布位置影响较小。电流主要分布在接触面边缘位置和接触面底部和头部,在接触面中部区域几乎没有分布。当铜-钢厚度比分别为 1:1、3:1、4:1 和 9:1 时,钢轨道上的最大电流密度分别为 4.01×10^9 A/m^2、3.52×10^9 A/m^2、3.36×10^9 A/m^2 和 2.74×10^9 A/m^2,铜-钢厚度比为 9:1 相较于厚度比为 1:1 枢轨接触面上的最大电流密度降低了 31.67%。可知随着厚度比的增大,接触面最大电流密度会出现下降,在一定程度上可缓解接触面的热集中。

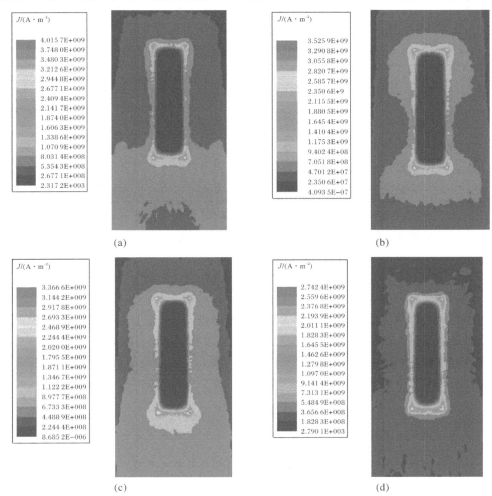

(a)   (b)

(c)   (d)

图 5.21   不同铜-钢厚度比下轨道电流密度分布图

(a)铜-钢厚度比为 1:1;(b)铜-钢厚度比为 3:1;(c)铜-钢厚度比为 4:1;(d)铜-钢厚度比为 9:1

表 5.2 为枢轨接触面上四极电枢接触面的最大电流密度。

表 5.2   电枢最大电流密度随复合层参数的变化

	铜-钢厚度比			
	1:1	3:1	4:1	9:1
$I_{max}/(\text{A} \cdot \text{m}^{-2})$	3.8×10^9	3.6×10^9	3.0×10^9	2.25×10^9

与上述分析一致,四极电枢接触面的最大电流密度随着厚度比增大也出现了下降。当铜-钢厚度比分别为1:1、3:1、4:1和9:1时,四极电枢上的最大电流密度分别为 $3.83 \times 10^9 \, \text{A/m}^2$、$3.62 \times 10^9 \, \text{A/m}^2$、$3.06 \times 10^9 \, \text{A/m}^2$ 和 $2.25 \times 10^9 \, \text{A/m}^2$,铜-钢厚度为9:1比1:1电枢的最大电流密度降低了41.2%。

2.复合层参数对磁场强度的影响

为更好地探究磁场分布特性,分析发射器不同位置处的磁场强度,仍采用如图5.21所示的四条路径。对四极复合型轨道电磁发射器发射器不同厚度比下的四条路径分别进行仿真,表5.3为不同厚度比下四条路经上的最大磁场强度。

表5.3　最大磁场强度随复合层参数的变化

	路径	铜-钢厚度比			
		1:1	3:1	4:1	9:1
B_{max}/T	路径1	4.91	4.72	4.51	3.44
	路径2	6.29	6.24	6.17	6.04
	路径3	5.33	5.15	4.98	4.86
	路径4	3.12	3.07	2.96	2.92

由表5.3可知,各路径上的最大磁场强度与铜-钢厚度比负相关,厚度比为1:1的发射器磁场强度峰值最大,厚度比为9:1的发射器磁场强度最小。

5.4　电磁-结构耦合分析

受多种因素影响,枢轨的变形和应力均呈现出不均匀分布的特点,这都会对枢轨的寿命和发射性能造成较大影响。四极复合型轨道电磁发射器的电磁-结构耦合分析主要是考虑发射器各组件的电磁特性与其结构性能之间相互作用、相互影响的仿真分析。本节分析枢轨的电磁特性对其结构变形和应力分布的影响,以便更好地从结构层面对枢轨的性能做出分析。

5.4.1　电磁-结构耦合分析理论基础

物体的动力学方程为

$$[M]\{x''\} + [C]\{x'\} + [K]\{x\} = \{F(t)\} \tag{5.20}$$

式中:$[M]$ 为质量矩阵;$\{x''\}\{x'\}\{x\}$ 分别为加速度矢量、速度矢量和位移矢量;$[C]$ 和 $[K]$ 分别为阻尼矩阵和刚度矩阵;$\{F(t)\}$ 为力矢量。本节主要分析电枢和轨道在四极场电磁力作用下的力学特性,因此,$\{F(t)\}$ 为作用在电枢和轨道上随时间变化的电磁体积力,可由枢轨内电流分布及空间磁场分布特性求得。

5.4.2　电磁-结构耦合分析模型构建

四极复合型轨道电磁发射器的电磁-结构耦合分析过程如图5.22所示,主要分为两个部分、两个步骤。两个部分分别为电磁场仿真求解和结构场仿真求解。两个步骤为:一是建立四极复合型轨道电磁发射器电磁仿真模型,通入瞬态电流并设置电磁分析的边界条件,计算出枢轨的电流分布和空间磁场分布,得到电枢和轨道的瞬态电磁体积力密度;二是建立四极复合型轨道电磁发射器结构仿真模型,将电磁场求解结果作为初始条件耦合到结构场仿真模块中,并设定结构分析的边界条件进行结构场仿真,得到电枢和轨道的应力和变形。

图 5.22　电磁-结构耦合分析过程示意图

电磁-结构耦合仿真分析主要调用了 Maxwell 电磁场仿真模块和 Structural 结构场仿真模块。以往的研究中为简化起见,并未考虑电流趋肤效应,且将电枢和轨道所受的电磁力视为常数。本节对四极复合型轨道电磁发射器模型进行电磁-结构耦合分析的优势在于考虑了电流趋肤效应,同时加载到结构场的电磁力体积力密度是由电磁模块仿真计算出来的,能精确地得到轨道和电枢的电磁力分布情况和受力变形情况。

5.4.3　耦合条件设置

采用顺序耦合法,在电磁分析模块中进行电磁分析结束后,必须将结果导入结构分析模块中,由于电磁场与结构场中的材料属性不能通用,所以须对电枢和轨道的材料进行重新设置。电枢仍采用铝合金,轨道采用铜合金和钢。

表 5.4 为结构场中电枢和轨道材料的物理参数及性能。

表 5.4　耦合分析模型中材料参数设置

材　料	密度/(kg·m^{-3})	弹性模量/GPa	剪切模量/GPa	泊松比
铜合金	8 900	110	41	0.34
钢	7 800	210	79	0.3
铝合金	2 700	70	27	0.33

结构场中必须重新对电枢和轨道进行网格划分,分别控制模型中的电枢最大网格尺寸为 1 mm,轨道最大尺寸为 5 mm,在电枢和轨道接触处进行细化处理,该处的最大网格尺寸不超过 0.5 mm。在采用上述尺寸进行网格划分后,必须进行网格质量检查,当网格质量达到 0.7 时,可认为网格质量达标。该尺寸划分网格后所得到的网格质量为 0.88,说明网格划分较好,可以满足仿真需求。

在四极复合型轨道电磁发射器模型中,铜基轨道和钢轨道之间为实体黏结,整体性较好。设置钢轨道下表面为目标面,设置电枢臂上表面为接触面,摩擦因数取为 0.1;定义该接触为非对称接触;同时采用增广拉格朗日接触算法进行求解。

在四极复合型轨道电磁发射器电磁-结构耦合仿真分析中,必须将不同时刻电枢在不同位置处的电磁力结果以体积力的形式导入结构场中。导入步数与电磁场计算步数相同,每步时长为 0.2 ms,为确保求解的准确和减少仿真错误的发生,结构场与电磁场设置相同的计算步数。表 5.5 为 3 ms、4 ms 和 6 ms 时电磁体积力密度的导入比例。由表 5.5 可知,导入比例误差最大不超过 3%,能够满足计算需求。图 5.23 为 3 ms 时电磁体积力密度分布图。

表 5.5　电磁体积力密度的导入比例表

时间/ms	导入比例		
	铜轨道	钢轨道	电枢
3	0.987	0.995	0.989
4	1.023	1.016	1.004
6	0.977	0.986	1.017

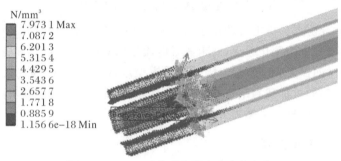

图 5.23　3 ms 时电磁体积力密度分布图

5.4.4　仿真结果分析

图 5.24 为 3 ms 时电枢和轨道的变形情况,此时电枢运动到距轨道尾部 100 mm 处。由图 5.24 可知,电枢的变形主要发生在电枢臂尾翼上,最大变形量为 1.026 mm,而电枢头部的变形较小。

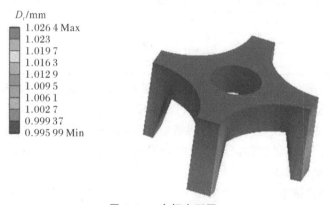

图 5.24　电枢变形图

图 5.25 更直观地反映了电枢和轨道的变形情况。其中,横坐标为距电枢臂/轨道尾部的长度。从图中可以看出:从电枢臂尾部至头部,变形量逐渐减小;而从轨道尾部开始,变形逐渐增大,在接触位置处达到最大,随后迅速降低,在未通电流段上升一定量后又降至 0 mm。这是因为电枢和轨道接触处,电流发生绕流现象,此处的受力较大,导致变形量也较大。

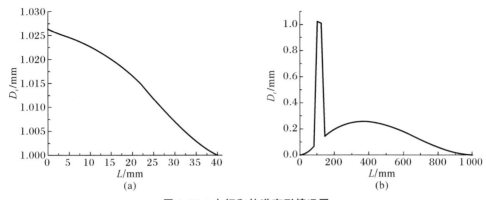

图 5.25　电枢和轨道变形情况图

(a)电枢臂变形图;(b)轨道变形图

对电枢和轨道进行应力分析对研究其使用寿命和失效机理至关重要,图 5.26 为电枢和轨道在 3 ms 时的部分力学性能。由图可知,在 3 ms 时,应力主要集中在电枢臂中部和喉部位置,电枢臂尾部和头部位置应力较小,未达到铝的屈服强度,因此不会发生塑性变形。轨道上应力主要分布在电枢运动过的位置,其中内侧钢轨道所受应力较大,观察轨道尾部可以发现,轨道中部区域几乎为零,即轨道上、下表面应力极小,这可能与电流的分布有关。基体铜轨道的外侧也受到较大的应力;观察图 5.26(b)可知,能量主要集中在铜轨道外侧。

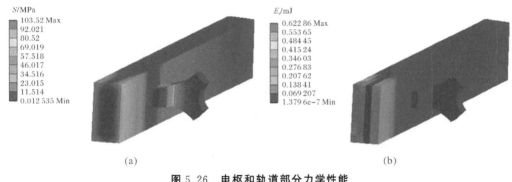

图 5.26　电枢和轨道部分力学性能

(a)枢轨应力分布;(b)枢轨应变能量分布

5.5　电磁-温度耦合分析

发射过程中,容易发生电枢烧蚀、刨削、槽蚀等现象,这与枢轨的产热及温升密不可分。四极复合型轨道电磁发射器的电磁-温度耦合分析主要是考虑发射器各组件的电磁特性对电枢和轨道产热及温升影响的分析。本节主要在电磁仿真结果的基础上,进一步分析枢轨的温度分布。

5.5.1　电磁-温度耦合分析理论基础

基于有限元理论,考虑磁场和温度场的边界条件和控制方程,四极复合型轨道电磁发射器的温度场控制方程为

$$c\rho \frac{\mathrm{d}T}{\mathrm{d}t} = \nabla \cdot (\kappa \nabla T) + \frac{J^2}{\sigma} + \mu_f P_c \nu \tag{5.21}$$

式中：c、ρ、T 分别为电枢和轨道的比热容、质量密度和温度；κ、σ 分别为材料的热导率和电导率；J 为电流密度；p_c 表示枢轨接触面上的接触压力；μ_f 和 ν 分别为枢轨接触面的摩擦因数和相对滑动速度。式中，等号左边一项为单位时间热量的增量，等号右边第一项为进出物体的热量，第二项为焦耳热，最后一项为摩擦热。再结合电枢在电磁场中的的运动方程，最终可建立四极复合型轨道电磁发射器的电磁-温度耦合方程。

5.5.2 电磁-温度耦合分析模型构建

四极复合型轨道电磁发射器的电磁-温度耦合分析过程如图 5.27 所示，主要分为两个部分、两个步骤。两个部分分别为枢轨电磁场仿真求解和温度场仿真求解。两个步骤为：一是建立四极复合型轨道电磁发射器电磁仿真模型，通入瞬态电流并设置电磁分析的边界条件，利用瞬态求解器计算出枢轨的电流分布；二是建立四极复合型轨道电磁发射器温度仿真模型，将电磁场求解结果作为初始条件耦合到温度场仿真模块中，并设定温度分析的边界条件进行温度场仿真，得到电枢和轨道上焦耳热引起的温度分布。

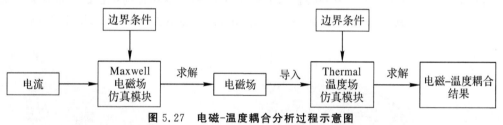

图 5.27 电磁-温度耦合分析过程示意图

电磁-温度耦合仿真分析主要调用了 Maxwell 电磁场仿真模块和 Thermal 温度场仿真模块。相关文献研究表明，电枢和轨道热量的来源主要为枢轨自身电阻的焦耳热，摩擦热及接触热占比较小，对发射器本身的影响十分有限。因此主要考虑枢轨自身电阻产生的焦耳热对温升的影响。对四极复合型轨道电磁发射器模型进行电磁-温度耦合时直接将电磁场中的数据导入温度场中，能够保证单元数据准确性。

5.5.3 耦合边界条件设置

在电磁分析模块中进行电磁分析结束后，将结果导入温度分析模块中，必须对电枢和轨道的材料进行重新设置，表 5.6 为温度场中电枢和轨道材料的物理参数及性能。

表 5.6 材料参数设置

材料	电导率 /(S·m^{-1})	热导率 /(W·m^{-1}·K^{-1})	比热容 /(J·kg^{-1}·K^{-1})	熔点 /℃	热膨胀系数 /K^{-1}
铜合金	5.8×10^7	见图 5.28(a)	385	1 083	1.7×10^{-5}
钢	2.0×10^6	见图 5.28(b)	475	1 515	1.23×10^{-5}
铝合金	3.8×10^7	见图 5.28(c)	900	660	2.35×10^{-5}

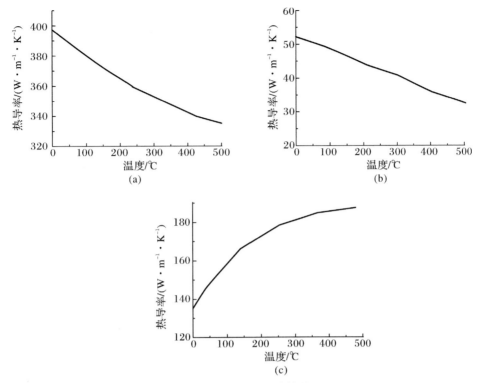

图 5.28　热导率和温度的关系

(a)铜材料热导率和温度的关系;(b)钢材料热导率和温度的关系;(c)铝材料热导率和温度的关系

对电枢和轨道进行网格划分。电枢最大网格尺寸为 1 mm,轨道最大尺寸控制为 5 mm,在电枢和轨道接触处进行细化处理,该处的最大网格尺寸不超过 0.5 mm。

在电磁-温度耦合分析中,将电磁场不同时刻的求解结果以热流量的形式导入温度场中。导入步数与电磁场计算步数相同,导入的每步时长为 0.2 ms,温度场耦合与电磁场设置相同的计算步数和时长。1~6 ms 时热流量的导入比例见表 5.7。由表可知,导入比例误差最大不超过 3%,能够满足计算需求。电枢和轨道的初始温度设定为室温 22 ℃。

表 5.7　热流量导入比例表

时间/ms	导入比例		
	铜轨道	钢轨道	电枢
1	0.987	1.002	1.002
2	1.004	1.025	0.995
3	1.025	0.972	1.008

5.5.4　仿真结果分析

电枢在发射中起到"滑动开关"的作用,将发射装置的电磁能转换成负载的动能,整个过程均受到电流和热的作用,其在发射过程中的热环境较为恶劣。图 5.29 分别为四极电枢在 6 ms 时刻的温度分布图。

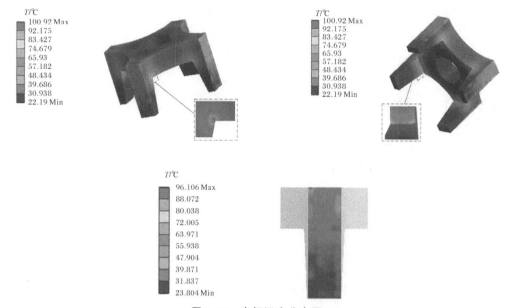

图 5.29　电枢温度分布图

由图 5.29 可知，电枢上的温度分布极不均匀，这与电流的分布有关。电枢上的温度主要分布在电枢喉部处，由于发射过程极短，电枢的热量来不及扩散到更深处：喉部位置相对电枢其他位置容易形成高温区域，该处最高温度可达 100.92 ℃；枢轨接触面的温度分布也呈现出不均匀特性，从电枢臂头部至尾部温度逐渐降低，在电枢臂头部温度为 96.11 ℃。这是因为钢轨道的电阻率大于铜轨道，电流从接触面最前端通过钢轨道流入电枢。若枢轨接触面温度过高，则会引发接触失效；若电枢臂与喉部交界面温度过高，则使得电枢刚度和强度发生变化。若喉部位置的温度高于熔点，则会造成电枢熔化，破坏电枢结构，对发射性能造成影响。

分析易知，单次发射后尚未达到电枢和轨道的熔点。虽然单次发射不会使得电枢熔化损伤，但当多次发射时，热量积累会超过电枢熔点，发射接触失效，同时熔化的材料随着电枢的高速运动飞溅，极易引起枢轨间的电弧烧蚀；部分熔化的材料黏着在轨道上，破坏发射器的绝缘性能，易造成短路，会严重影响发射的稳定性。但电枢的熔化会吸收部分热量，在一定程度上阻止电枢的继续熔化，同时也会在枢轨接触面上形成具有一定润滑作用的铝液层，增大了导电面积，减小了接触电阻，还能对电枢和轨道起到一定的保护作用，缓解摩擦磨损。因此，电枢熔化产生的铝液层对发射器的发射性能至关重要，当铝液层的产生和损耗在达到平衡状态时，可在一定程度上促进发射的稳定。

发射结束时轨道温度分布和轨道截面温度扩散如图 5.30 和图 5.31 所示。由图可知，轨道温度主要分布在电枢与轨道的接触区域，电枢未运动过的区域和脱离接触的区域温度较低，当电枢到达新的接触区域时，轨道的初始低温会起一定的分散传导作用。轨道上接触区域的温度分布也并不是均匀的，主要集中在接触区域前侧。这主要是因为电流上升较快，会产生大量的热，但热量来不及向外扩散，主要集中在接触区域的一小块区域内。由于钢的电阻较大且电流在钢轨道集中流入电枢，所以钢轨道的温度要高于铜轨道的温度，钢轨道和铜轨道温度分别为 109.62 ℃和 46.074 ℃，远未达到材料的熔点，此时轨道表面不会出现烧蚀情况。由铜轨道和钢轨道的截面温度分布可知,由于发射时间较短,所以铜轨道和钢轨道的温度只扩散了较小区域。钢轨道最低温度出现负值,这是中心插值造成的,不会影响整体结果。

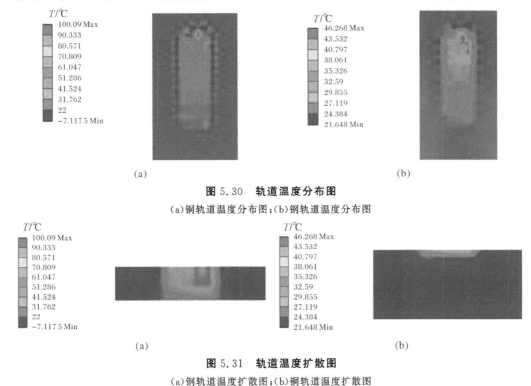

(a)　　　　　　　　　　　　　　　　(b)

图 5.30　轨道温度分布图

(a)铜轨道温度分布图;(b)钢轨道温度分布图

(a)　　　　　　　　　　　　　　　　(b)

图 5.31　轨道温度扩散图

(a)钢轨道温度扩散图;(b)铜轨道温度扩散图

枢轨温度随时间变化如图 5.32 所示。焦耳热会使电枢和轨道温度在短时间内迅速升高,从加载的脉冲电流曲线可知:在 0～2 ms,电流迅速增大,电枢和轨道电阻的产热量大于散热量,因此电枢和轨道的温度迅速升高;电流在 2～4 ms 处于峰值,此时热功率也达到最大;在 4 ms 后,随着电流的减小,热功率也开始减小。产热量小于散热量,因此电枢的最高温度出现了下降,但下降幅度不大。由于钢轨道的电阻率较大,且电流会在枢轨接触面集中,所以钢轨道的温度较高;而铜轨道电阻率较小,温升较小。

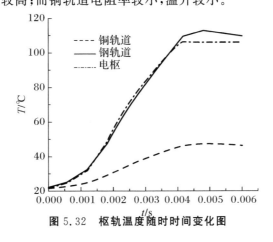

图 5.32　枢轨温度随时间变化图

由于本书所使用的电流峰值为 150 kA,出口速度仅达到 300 m/s。若要求更高的出口速度,则意味着必须施加更大的激励电流,此时枢轨的电流密度会更大,温升更明显。图 5.33 为其他条件不变,峰值电流为 500 kA 时的枢轨温度变化图。由图可知,发射过程中电枢的温度可达 816 ℃,已经超过了电枢的熔点,电枢会出现熔化现象。铜轨道和钢轨道分别可达 1 080 ℃和 310 ℃。轨道在短时间内出现了较大的温升,这种现象称作"闪温"。"闪温"会使轨道的局部热应力过大,极易引起轨道表面裂纹扩展和刨削现象发生,这严重影响了轨道的寿命。此时应注意对高温区域做好冷却措施,防止电枢和轨道熔化影响发射性能。

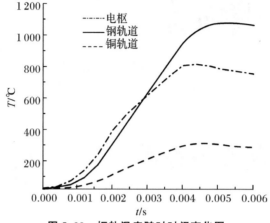

图 5.33　枢轨温度随时时间变化图

5.6　电磁-温度-结构耦合分析

瞬时的温升和较大的瞬时热应力会造成枢轨的结构损伤。四极复合型轨道电磁发射器的电磁-温度-结构耦合分析主要是考虑发射器各组件的温度场对结构场影响的仿真分析。本节主要在上节仿真结果的基础上,探究枢轨的温度特性对结构变形和应力变化的影响,又进一步分析热应力对发射装置模态的影响。

5.6.1　电磁-温度-结构耦合分析理论基础

由前述分析可知,四极复合型轨道电磁发射器在工作过程中,电枢和轨道会产生大量的热。但由于热量分布不均匀,质点间会相互制约,且发射装置也存在外在约束,使枢轨膨胀受到限制,产生相应的应力,称为热应力。以轨道为例,在发射过程中,轨道两端固定,轨道上通入大电流会使得温度迅速升高,当温度从 T_{ref} 升高到 T_{end} 时,若轨道在直径方向伸长量为 $\Delta d = \alpha(T_{ref} - T_{end})d$,则轨道在该方向上的热应变为

$$\varepsilon_d = \frac{\Delta d}{d} = \alpha(T_{ref} - T_{end}) \tag{5.22}$$

则轨道在该方向上的热应力为

$$\sigma_d = E\varepsilon_d = E_T \frac{\Delta d}{d} = E_T \alpha (T_{\text{ref}} - T_{\text{end}}) \tag{5.23}$$

式中：α 为轨道材料的线膨胀系数；ε_d 和 σ_d 分别为轨道在直径方向上的应变和热应力；d 和 Δd 分别为原始长度和由温度引起的变化量；T_{ref} 为轨道的初始温度；T_{end} 为轨道的最终温度；E_T 为轨道材料的弹性模量。

在电磁-温度-结构耦合分析中，主要考虑温度变化产生的热应力对装置的作用。热应力会对发射装置的模态产生影响。通过对发射装置的模态进行分析，可以了解发射装置的固有频率及其对热载荷的响应状态，为发射装置的结构设计提供参考，使其固有频率避开在工作时施加的激振频率，延长装置寿命和提升发射性能。

根据振动理论，发射装置的模态参数为

$$(\boldsymbol{K} - \omega^2 \boldsymbol{M}) \boldsymbol{\varphi} = 0 \tag{5.24}$$

式中：$\boldsymbol{K}$、ω、$\boldsymbol{M}$ 和 $\boldsymbol{\varphi}$ 分别为发射装置的总刚度矩阵、频率、质量矩阵和振型向量。在热环境下，发射装置的质量矩阵 $\boldsymbol{M}$ 变化很小。发射装置的总刚度矩阵 $\boldsymbol{K}$ 为

$$\boldsymbol{K} = \boldsymbol{K}_\sigma + \boldsymbol{K}_A \tag{5.25}$$

式中：$\boldsymbol{K}_\sigma$ 和 $\boldsymbol{K}_A$ 分别为四极复合型轨道电磁发射装置的热应力刚度矩阵和结构刚度矩阵。这里主要考虑热应力对模态的影响，装置的热应力刚度矩阵 $\boldsymbol{K}_\sigma$ 计算公式为

$$\boldsymbol{K}_\sigma = \int_\Omega \boldsymbol{G}^\mathrm{T} \boldsymbol{\Gamma} \boldsymbol{G} \mathrm{d}\Omega \tag{5.26}$$

式中：$\boldsymbol{G}$ 和 $\boldsymbol{\Gamma}$ 分别为发射装置的形函数矩阵和结构热应力矩阵。热应力刚度矩阵 $\boldsymbol{K}_\sigma$ 的正、负主要与热应力的形式有关。热应力的形式不同，$\boldsymbol{K}_\sigma$ 也不同，则模态参数也会发生变化，通过分析可知，热应力主要是通过改变装置的刚度矩阵来影响结构的模态的。

5.6.2　电磁-温度-结构耦合分析模型构建

四极复合型轨道电磁发射器的电磁-温度-结构耦合分析过程如图 5.34 所示，主要分为三个部分、三个步骤。三个部分分别为枢轨电磁场仿真求解、温度场仿真求解和结构场仿真求解。三个步骤为：一是在四极复合型轨道电磁发射器中通入瞬态电流并设置电磁分析的边界条件，利用瞬态求解器计算出枢轨的电流分布；二是建立四极复合型轨道电磁发射器温度仿真模型，将电磁场求解结果耦合到温度场仿真模块中，并设定温度分析的边界条件进行温度场仿真，得到电枢和轨道上焦耳热引起的温度分布；三是建立四极复合型轨道电磁发射器结构仿真模型，将温度场仿真结果耦合到结构场中，得到温度变化与枢轨变形和应力关系，并进一步分析热应力对发射装置模态的影响。

电磁-温度-结构耦合仿真分析主要调用了 Maxwell 电磁场仿真模块、Thermal 温度场仿真模块、Structural 结构场仿真模块以及 Modal 模态模块。对四极复合型轨道电磁发射器模型进行电磁-温度-结构耦合分析主要分析了电枢和轨道温升引起的变形及应力分布特点，并进一步对由热应力引起的装置模态进行分析，得到模态和振型与热应力的关系，为发射装置设计提供参考。

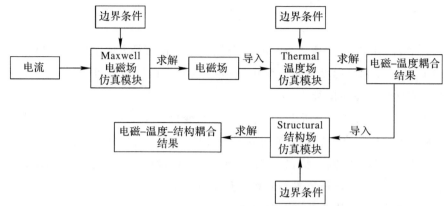

图 5.34 电磁–温度–结构耦合分析过程示意图

5.6.3 耦合边界条件设置

材料的参数和网格划分与电磁–结构耦合和电磁–温度耦合分析中设置相同,将温度场的不同时刻的求解结果导入结构场中。导入步数与温度场计算步数相同,导入的每步时长为 0.2 ms,结构场耦合与温度场设置相同的计算步数和时长。

5.6.4 仿真结果分析

5.6.4.1 变形与应变

温度的迅速升高极易导致电枢和轨道材料的软化,会给结构安全带来不利影响。图 5.35 为在仅考虑温度影响下,电枢和轨道总变形量随时间的变化曲线图。由图可知,随时间的增加,电枢与轨道的总变形量也增加。轨道的变形量增长较快,在 6 ms 时可达到 5.61×10^{-2} mm;而电枢的总变形量较小,在 6 ms 时仅为 1.24×10^{-2} mm。这主要是因为电枢和轨道在相同时间内的温升不同,材料线胀系数不同,则变形量也不同。

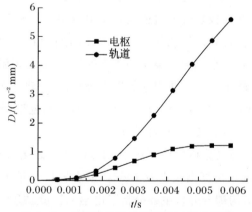

图 5.35 电枢和轨道变形量随时间变化图

图 5.36 为 6 ms 时电枢和轨道总变形量的云图。由图可知,发射结束时的枢轨变形量

有较大差异。轨道总变形量明显大于电枢变形量。电枢的的变形主要发生在电枢臂尾部，从电枢臂尾部至头部，呈现梯度下降，其变化趋势如图 5.36(a)所示。而轨道形变主要发生在中部区域轨道上，其变化趋势如图 5.36(b)所示。

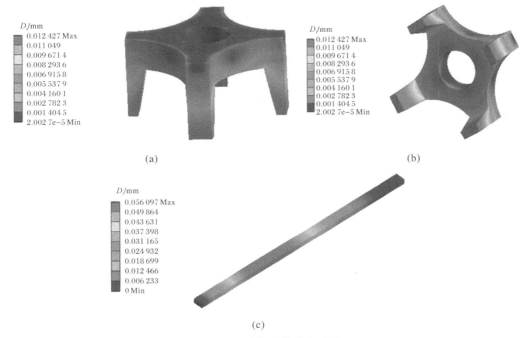

(a)

(b)

(c)

图 5.36　电枢和轨道变形图

(a)电枢变形主视图；(b)电枢变形侧视图；(c)轨道变形图

　　图 5.37 为电枢和轨道路径变形情况图，分析可知，电枢臂上的总变形量从电枢臂尾部至头部呈下降趋势，但头部位置有略微上升。受固定约束影响，轨道两端几乎不发生变形，轨道从发射装置尾部至开口处，变形量先迅速升高，至 670 mm 处又迅速降低，说明轨道变形主要发生在中间靠近出口装置。这是必须重点关注的部位，可采用紧固装置来缓解变形。

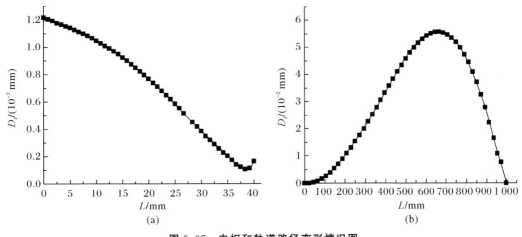

(a)

(b)

图 5.37　电枢和轨道路径变形情况图

(a)电枢路径上的形变量；(b)轨道路径上的形变量

图 5.38 为发射结束时刻电枢和轨道的应力分布云图。由图可知,变形大的位置,其应力不一定大。电枢臂尾部的变形较大,但应力并不大,应力主要集中在电枢臂头部和电枢臂与喉部交界处很小一块区域,这将对电枢造成较为严重的的破坏。但钢轨道所受的应力较大,主要集中在电枢和轨道接触区域外边沿,枢轨的高应力主要集中在高温区域,说明温升较高的部位其应力也大。由上述分析可知,热应力会导致轨道局部发生微凸起变形,在电枢高速运动和冲击下,易发生刨削损伤。

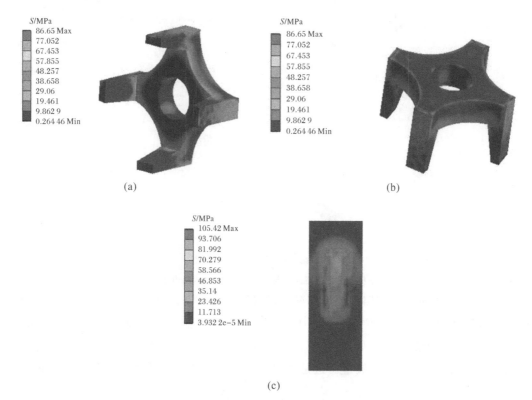

图 5.38　电枢和轨道应力分布情况图

(a)电枢应力分布主视图;(b)电枢应力分布俯视图;(c)轨道应力分布图

图 5.39 为枢轨在发射过程中最大应力变化图。由图可知,发射装置枢轨应力随时间的变化趋势基本一致。在 0～4 ms 时刻,热应力迅速上升;4～6 ms 时,热应力上升缓慢,这和组件温度的变化有关。从应力的大小来看,钢轨道的应力最大,为 105.42 MPa;电枢次之,为 86.65 MPa;而铜轨道的应力最小,仅为 21.50 MPa。电枢和轨道的应力均小于材料的屈服极限。分析可知:单次发射后轨道表面会出现瞬态高温,重复发射会导致热量积累难以扩散;电枢和轨道由于受到重复热应力作用,易造成局部热疲劳。过大的应力会使钢轨道发生塑性变形,影响轨道寿命和发射性能。通过上述分析可以得到启示,在枢轨热管理问题上,可以从两个方面进行考虑:一是需要使热量快速扩散;二是需要使温度尽量均匀分布,缓解局部热效应带来的热损伤。

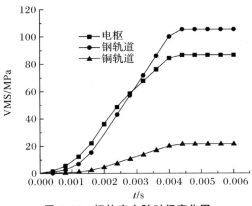

图 5.39　枢轨应力随时间变化图

5.6.4.2　热应力对装置模态的影响

受电磁特性影响,发射装置的温度发生变化,装置会产生热应力,从而改变结构的刚度矩阵,进一步对装置的模态造成一定的影响。模态分析主要是对结构的固有频率和振型进行研究,本节主要考虑热应力对装置固有频率和振型的影响。表 5.8 为普通模态分析与考虑热应力模态分析的前六阶固有频率。图 5.40 为普通模态分析与考虑热应力模态分析的前三阶振型。

由表 5.8 可得,热应力会对发射装置的固有频率造成影响,使其固有频率降低,但降低程度不大,说明热应力会降低装置的刚度,主要变现为压应力。由图 5.40 可知,普通模态分析与热应力模态分析的各阶振型基本相同,说明热应力并不会影响发射装置各阶固有频率对应的主振型。

表 5.8　两种模态分析的固有频率

阶　　数	模态分析	
	普通模态分析/Hz	热应力模态分析/Hz
1	82.78	81.241
2	82.94	81.269
3	82.94	81.269
4	83.107	81.371
5	154.97	154.66
6	154.98	154.66

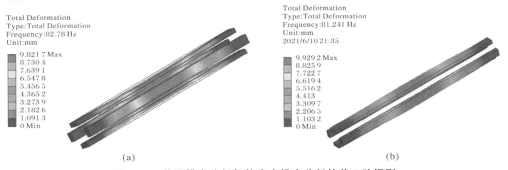

(a)　　　　　　　　　　　　　　　　　　　　　　(b)

图 5.40　普通模态分析与热应力模态分析的前三阶振型

(a)普通第一阶振型;(b)热应力第一阶振型

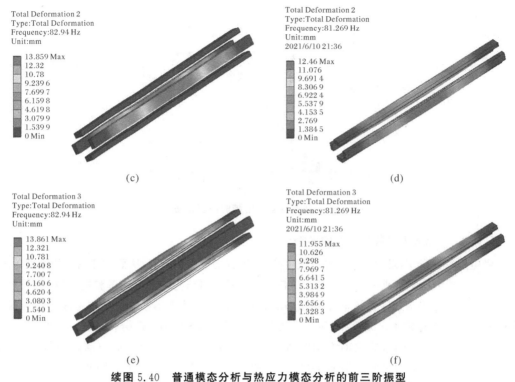

续图 5.40 普通模态分析与热应力模态分析的前三阶振型

（c）普通第二阶振型；（d）热应力第二阶振型；（e）普通第三阶振型；（f）热应力第三阶振型

5.7 小 结

本章首先对四极复合型轨道电磁发射器和传统的四极轨道电磁发射器的电磁特性进行了对比分析，发现复合型轨道能有效降低枢轨接触面上的最大电流密度，且在特定位置有更大的磁场屏蔽范围，能提供更好的发射磁场环境；然后分析了复合层参数对轨道和电枢的最大电流密度、最大磁场强度影响规律。在此基础上，本章利用多物理场耦合仿真的方法，分别进行了四极复合型轨道电磁发射器的电磁-结构耦合分析、电磁-温度耦合分析和电磁-温度-结构耦合分析，探究了轨道发射器的多物理场特性。研究发现：在电磁力的作用下，电枢和轨道均会发生一定的变形；受电流分布影响，发射器各组件在发射结束时刻的温升不同，随着时间变化，温度也在不断升高；在此基础上，进一步分析了温升对结构的影响，发现温升会引起电枢和轨道不同程度的变形，变形位置也有所差异，组件的应力分布也呈现出一定的特点；最后分析了热应力对装置模态的影响，发现热应力会降低装置的固有频率，但不会改变各阶固有频率对应的主振型，因此设计装置结构和添加激励时，应充分考虑热应力的影响。根据以上分析，可为四极复合型轨道电磁发射器的结构设计、材料选择和预防热与结构损伤提供一定的参考。

第6章 电枢出膛速度数值计算

电磁轨道发射器最大的优势在于推力精确可调,可以通过调整电源参数方便地改变发射器的推力,进而改变弹丸的出膛速度。因此,发射器电枢和弹丸的运动特性及其与激励电流的关系是电磁轨道发射器使用人员最关注的问题。但当前对电磁轨道发射器的研究主要是通过数值仿真进行的,对计算资源和计算时间的消耗都比较多,不满足作战环境下快速调整弹丸出膛速度的需求。因此,本章根据 Biot-Savart 定律计算电枢受力,通过求解脉冲成形网络的微分方程求解电流响应,得到一种能够根据电源参数快速计算弹丸出膛速度的数值方法,将该方法计算得到的结果与仿真结果进行对比,验证该方法的准确性。

6.1 脉冲成形网络响应分析

电磁轨道发射器的工作需要大功率电源作为支撑,本书采用 6 组I型脉放电回路组成脉冲成形网络进行供电。脉冲放电回路结构如图 6.1 所示。其中,电容充电电压 $U_C = 5\,000$ V,电容支路电缆电阻 $R_C = 3$ mΩ,电容支路电缆电感 $L_C = 5$ μH,电容容值 $C = 1\,750$ μF,续流回路电缆电感 $L_D = 20$ μH,续流回路电缆电阻 $R_D = 0.3$ mΩ,L_R 与 R_R 为发射器枢轨系统本身的电阻和电感,随电枢的运动时刻发生变化。

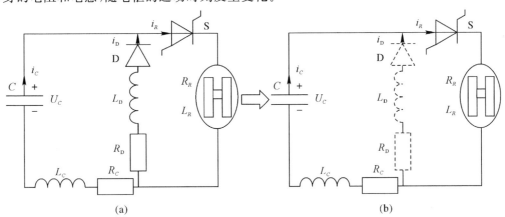

图 6.1 脉冲成形网络示意图

(a)RLC 放电阶段;(b)RL 放电阶段

电容充电完成后,晶闸管 S 导通,发射器开始工作。根据续流支路的导通状况,脉冲成形网络的工作过程可分为两个阶段。在图 6.1(a)所示阶段,电容电压大于零,续流支路截止,回路构成 RLC 串联电路,根据脉冲成形网络的元件参数和负载特性,电路工作在欠阻尼状态,电容振荡放电。在此阶段,按照基尔霍夫电压定律,令 $-u_C + u_R + u_L = 0$,可得

$$(L_C + L_R)C \frac{\mathrm{d}^2 U_C}{\mathrm{d}t^2} + (R_C + R_R)C \frac{\mathrm{d}U_C}{\mathrm{d}t} + U_C = 0 \tag{6.1}$$

在欠阻尼状态下,回路负载与回路元件参数之间满足如下关系:

$$R_C + R_R < 2\sqrt{\frac{L_C + L_R}{C}} \tag{6.2}$$

因此得到放回路电流为

$$i_R(t) = \frac{U_0}{a_1(L_C + L_R)} \mathrm{e}^{-bt} \sin(at) \tag{6.3}$$

式中:$a = (R_C + R_D)/2(L_C + L_D)$;$b = \sqrt{[1/C(L_C + L_D)] - a^2}$。

当电容电压降至零、负载电流达到峰值时,续流二极管导通,电流按图 6.1(b)所示 RL 放电回路流动,使负载上的电流脉冲时间延长,基于基尔霍夫电压定律,可得该阶段的回路方程为

$$\frac{\mathrm{d}^2 i_C}{\mathrm{d}t^2} + \frac{R_C + R_D}{L_C + L_D} \frac{\mathrm{d}i_C}{\mathrm{d}t} + \frac{1}{(L_C + L_D)C} i_C = 0 \tag{6.4}$$

因此得到放回路电流为

$$i_R(t) = I_0 \mathrm{e}^{-(R_R/L_R)t} \tag{6.5}$$

令 $\mathrm{d}i_R/\mathrm{d}t = 0$,可得脉冲成形网络两种状态转换的时间为

$$t_s = \frac{1}{b} \arctan(b/a) \tag{6.6}$$

在回路元件参数已知的条件下,得到发射器负载即可对上述公式进行求解。发射器负载电阻 R_R 可以表示为

$$R_R = R_A + R_{aug} + R_c + R_{main} \tag{6.7}$$

式中:R_A 为电枢体电阻;R_{aug} 为增强轨体电阻;R_c 为接触电阻;R_{main} 为主轨道体电阻,与电枢的位置有关,可以表示为 $R_{main} = \rho x(t)S$,其中 ρ 为主轨道电阻率,S 为主轨道截面积,$x(t)$ 为电枢当前位置(即电枢与炮尾端的距离)。式(6.7)中电枢与增强轨的体电阻均可比较容易地根据二者的体积与材料电阻率计算,接触电阻与接触压力有关,可以用下式进行计算:

$$R_c = \frac{1}{2}(\rho_1 + \rho_2)\left(\frac{F_c}{H}\right)^{-0.41} \tag{6.8}$$

式中:ρ_1 与 ρ_2 分别为轨道和电枢的电阻率;H 为电枢材料的硬度;F_c 为接触压力。

发射器负载电感 L_R 可以表示为

$$L_R = \int_0^{x(t)} L' \mathrm{d}x \tag{6.9}$$

根据轨道炮作用力定律,电枢受到的推力可以表示为

$$F_t = \frac{1}{2}L'I^2 \tag{6.10}$$

因此式(6.10)可以改写为

$$L_R = \int_0^{x(t)} 2F_t / I^2 \, \mathrm{d}x \tag{6.11}$$

由于发射过程中电枢不断运动,主轨道接入回路的部分逐渐增加,L_R 与 R_R 也时刻变化,其变化的速率与电枢的运动特性相关。因此,求解脉冲成形网络的响应需要对电枢的运动特性进行计算。

6.2　发射器枢轨系统受力分析

发射器电枢和轨道的受力,按照性质可以划分为电磁力和支反力。对于电枢,电磁力的作用方向包括推动电枢前进的电磁推力和促使电枢臂向外扩张的径向电磁力,电枢臂与轨道的相互挤压还会使电枢受到接触压力;对于主轨道,轨道的载流段受到径向电磁力,轨道与电枢接触部分受到接触压力,整个轨道在身管的支撑下受到支反力;对于增强轨,整个轨道受到的分布载荷包括径向电磁力和身管提供的支反力。假定发射器身管紧固充分,那么轨道受到的支反力能够完全抵消轨道受到到的径向电磁力;若假定电枢和轨道均为刚体,则电枢与轨道之间的接触压力可以认为是电枢臂的径向电磁力。因此,通过分析电磁载荷即可得到对发射器枢轨系统受力情况的概略认识,发射器枢轨系统所受电磁载荷如图 6.2 所示。

其中,f_{e1} 表示主轨道受到的径向电磁力,f_{e2} 表示增强轨受到的径向电磁力,F_e 表示电枢臂受到的径向电磁力,F_t 表示电枢受到的电磁推力。对于无铁磁性材料的电磁轨道发射器,通过 Lorentz 公式可以准确地计算发射器各部件受到的电磁力,采用该方法的基本条件是获取发射器的电流和磁场分布。

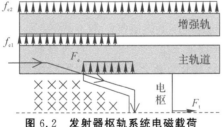

图 6.2　发射器枢轨系统电磁载荷

电枢受到的推力可以表示为

$$\boldsymbol{F}_t = \iiint_{V_a} (\boldsymbol{J}_{Ax} + \boldsymbol{J}_{Ay}) \times \sum_{k=1}^n \boldsymbol{B}_k \, \mathrm{d}V \tag{6.12}$$

电枢受到的径向电磁力为

$$\boldsymbol{F}_e = \iiint_{V_a} \boldsymbol{J}_{Az} \times \sum_{k=1}^n \boldsymbol{B}_k \, \mathrm{d}V \tag{6.13}$$

编号为 i 的轨道受到的径向电磁力为

$$\boldsymbol{f}_{ei} = \iiint_{V_i} \boldsymbol{J}_R \times \left(\sum_{k=1}^n \boldsymbol{B}_k - \boldsymbol{B}_i \right) \mathrm{d}V J_{Ax} \tag{6.14}$$

式中:$\boldsymbol{J}_{Ax}$、$\boldsymbol{J}_{Ay}$、$\boldsymbol{J}_{Az}$ 分别为电枢上电流密度在 x、y、z 方向上的分量;V_a 为电枢区域;V_i 为编号为 i 的轨道的区域;$\boldsymbol{B}_k$、$\boldsymbol{B}_i$ 为编号为 k、i 的轨道激励出的磁场。通过上述公式可以看

出,发射器电磁载荷的大小与发射器结构和电流密度有关。因此,在下一节对电磁轨道发射器的电流分布进行研究。

6.3　发射器电磁场扩散规律研究

求解发射器受力的关键在于获取发射器的电流分布。受电磁相互作用和体电阻分布不均影响,发射器的电流分布规律比较复杂,难以得到电流的准确分布情况,因此本节通过一些简化,实现对电流分布的模拟。

法拉第电磁感应定律描述了电场与磁场之间的关系,其微分形式可以表示为

$$\nabla \times \boldsymbol{E} = -\frac{\partial \boldsymbol{B}}{\partial t} \tag{6.15}$$

对式(6.15)两端同时取旋度,代入高斯定律 $\nabla \cdot \boldsymbol{E} = 0$,可以将方程左端改写为

$$\nabla \times \nabla \times \boldsymbol{E} = \nabla(\nabla \cdot \boldsymbol{E}) - \nabla^2 \boldsymbol{E} = -\nabla^2 \boldsymbol{E} \tag{6.16}$$

根据安培环路定律,可以将方程右端改写为

$$-\frac{\partial}{\partial t}\nabla \times \boldsymbol{B} = -\mu\frac{\partial}{\partial t}\nabla \times \boldsymbol{H} = -\mu\frac{\partial}{\partial t}\boldsymbol{J} = -\mu\sigma\frac{\partial \boldsymbol{E}}{\partial t} \tag{6.17}$$

因此式(6.15)变为

$$\nabla^2 \boldsymbol{E} = \mu\sigma\frac{\partial \boldsymbol{E}}{\partial t} \tag{6.18}$$

进一步地,根据材料本构方程,在不考虑运动项的情况下将 $\boldsymbol{J} = \sigma\boldsymbol{E}$ 代入式(6.18)可得

$$\nabla^2 \boldsymbol{J} = \mu\sigma\frac{\partial \boldsymbol{J}}{\partial t} \tag{6.19}$$

式(6.19)即电磁相互作用条件下的电流扩散方程,实际上 Maxwell 方程组中的所有场量均遵循这一扩散方程。该式是三维空间中带有时间导数项的二阶偏微分方程,求解比较困难,因此通常在一维上进行简化分析,将三维空间问题转化为半无限平面问题,将电流密度表示为 x 坐标和时间的函数 $J(x,t)$。考虑到电磁轨道发射器中电流的扩散深度远小于发射器尺寸,因此这一简化是合理的。分离时间和空间部分的变量可以将电流密度表示为

$$J(x,t) = J(x)\mathrm{e}^{-\mathrm{j}\omega t} \tag{6.20}$$

将式(6.20)代入扩散方程式(6.19)得

$$\frac{\mathrm{d}^2 J(x)}{\mathrm{d}x^2} = \mathrm{j}\omega\mu\sigma J(x) \tag{6.21}$$

该二阶微分方程的通解为

$$J(x) = J_0\mathrm{e}^{-\frac{1+\mathrm{j}}{2}\sqrt{\omega\mu\sigma}\,x} \tag{6.22}$$

式中:ω 为电流的频率;$J_0 = J(0)$,即导体表面的电流密度,可以根据电流密度积分与总电流相等的等式计算得到。易知,当 $x = \sqrt{2/\mu\sigma\omega}$ 时,$J = J_0/\mathrm{e}$,定义此时的 x 为趋肤深度,记作 δ。在趋肤深度内,电流密度大小呈指数规律衰减。超出趋肤深度范围以后,电流密度已经衰减至表面电流密度的 37% 以下。

由式(6.22)可知,电流的扩散现象与电流的频率密切相关,因此需要对电源波形的频率特性进行分析。通常,对信号频率进行分析的最有效方法是傅里叶变换。但由于脉冲波形

是一种统计特征随时间变换的非平稳信号,所以对它进行傅里叶变换时将面临两个问题:①非平稳信号在傅里叶变换下可能出现负频率,没有实际意义;②傅里叶变换是一种全局变换,只能得到信号的频率分量,缺少各局部上频率分量的信息。

针对第一个问题,定义一个非平稳原始信号 $s(t)$,并引入希尔伯特变换。记非平稳信号 $s(t)$ 经希尔伯特变换后的信号为 $\hat{s}(t)$:

$$\hat{s}(t) = s(t) * \frac{1}{\pi t} = \frac{1}{\pi} \int_{-\infty}^{\infty} \frac{s(\tau)}{t-\tau} \mathrm{d}\tau \tag{6.23}$$

式(6.23)描述的是信号 $s(t)$ 与 $\frac{1}{\pi t}$ 卷积的过程。此时,定义原信号 $s(t)$ 的解析信号 $z(t) = s(t) + \mathrm{j}\hat{s}(t)$,对该信号进行傅里叶变换可得该信号的频谱为

$$Z(\omega) = \begin{cases} 2S(\omega), & \omega \geqslant 0 \\ 0, & \omega < 0 \end{cases} \tag{6.24}$$

可以看出,经过希尔伯特变换并定义解析信号后,解析信号频谱中的负频率消失。此时,基于希尔伯特变换定义瞬时频率:

$$f(t) = \frac{1}{2\pi} \frac{\mathrm{d}}{\mathrm{d}t} [\arg z(t)] \tag{6.25}$$

针对第二个问题,研究人员提出了小波变换的方法。小波变换沿用傅里叶变换的思路,将信号分解为基函数的叠加。二者的区别在于:傅里叶变换的基函数是三角函数 $\mathrm{e}^{-\mathrm{i}\omega t}$,该函数的幅值不随时间变换;小波变换的基函数被称为小波基函数,常用的小波基函数包括 Haar 小波、Daubechies 小波等,它们的共同特点是函数的幅值在时域上的大部分时刻为 0,如 Haar 小波实际上就是 [0,1] 内的方波。在进行小波变换时,通过将平移和缩放后的小波基函数叠加构成原函数,其过程可以表示如下:

$$WT(a, b) = \int_{-\infty}^{\infty} s(t) * \frac{1}{\sqrt{a}} h\left(\frac{t-\tau}{a}\right) \mathrm{d}t \tag{6.26}$$

式中:$h(t)$ 为小波基函数;τ 为小波基函数在时域的平移量;a 为小波基函数的缩放量,同时对应信号的频率。小波变换克服了傅里叶变换的缺陷,可以得到信号的各频率分量以及每个分量出现的时刻。

图 6.3 为试验中采用的脉冲电流波形,该电流由 6 组充电电压为 5 kV 的 PFN 作为电源放电得到。在峰值为 169.68 kA 的脉冲电流激励下,电枢在发射后 1.9 ms 时刻出膛。

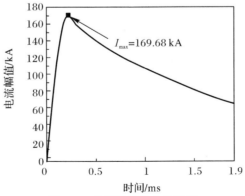

图 6.3　发射器激励电流波形

图 6.4 展示了电流的频率特性,其中图 6.4(a)为对图 6.3 中的电流波形进行时频分析得到的电流时间-频率特性,图 6.4(b)为根据电流频率特性计算得到的发射器趋肤深度随时间变化情况,其中的仿真值为测量得到的发射器主轨道截面上的趋肤深度。可以看出,脉冲电流的频率分布在 3 200~3 900 Hz,脉冲电流上升沿由 3 900 Hz 迅速下降至 3 300 Hz,随后保持平稳。由此引起的趋肤效应使电流主要分布在轨道外表面开始的 1.1 mm 左右的厚度内,且计算值与仿真之差别不大,表明该方法的准确性。

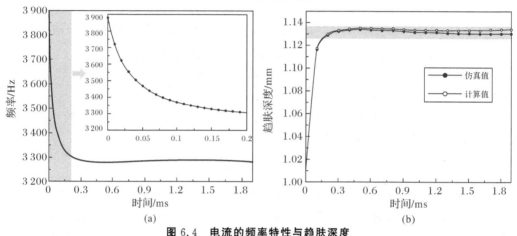

图 6.4　电流的频率特性与趋肤深度
(a)脉冲电流频率特性;(b)电流趋肤深度

趋肤效应分析是在半无限平面假设的基础上得到的一维电流分布,能够描述距离轨道表面一定距离处的电流密度大小,但对于截面形状不规则的轨道,轨道内同一点相对轨道不同边界的距离可能不同。图 6.5 为轨道上电流分布拟合示意图。

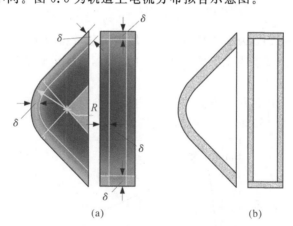

图 6.5　电流分布拟合方法
(a)电流分布仿真云图;(b)电流分布拟合方法

如图 6.5(a)中主轨道上绿色区域,相对轨道的弧形接触面与直线型侧面的距离就不相同。为了保证电流密度的单值性,采用图 6.5(b)所示的方案对电流密度的拟合方法进行规定,即假定电流全部分布在趋肤深度内,趋肤深度外的区域没有电流密度分布。该方法拟合的结果小于真实的电流密度,为了校正这一误差,假定在 δ 内电流密度均匀分布,其值为表面电流密度,以保证拟合后的总电流密度与实际总电流密度相等。

图 6.6 为电枢区域电流密度分布,其中图 6.6(a)为电枢电流密度云图。可以看出,电枢区域电流密度分布集中于电枢喉部以及电枢臂的内侧和外侧尾端,分布规律比较复杂。从电枢的俯视图 6.6(b)看,电流分布比较规律,沿直线从一个接触面流向另一个接触面。电流密度在不同方向上的分量在电枢上产生的力的方向也不相同,因此需要分别进行讨论。图 6.6(c)为电流密度在 x、y 方向上的分量,该分量与磁场相互作用产生电磁力推动电枢前进。可以看出,电流密度在 x、y 方向上的分量集中于电枢喉部,而在电枢臂尾端较小。图 6.6(d)为电流密度在 z 方向上的分量,可以看出,电流密度在 z 方向上的分量仅在电枢臂内侧比较均匀地分布,在电枢的其他区域几乎不存在电流密度的 z 方向分量。

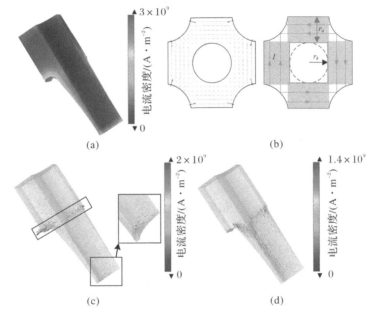

图 6.6　电枢区域电流密度分布

(a)电枢电流密度云图;(b)电枢电流 x、y 分量拟合方法;

(c)电枢电流 x、y 分量分布;(d)电枢电流 z 分量分布

因此,在对电枢区域的电流密度分布进行拟合时,做出如下假设:

(1)在 z 方向上,假定电流密度在电枢臂上均匀分布;

(2)在 x、y 方向上,按图 6.6(b)所示方法对电流密度分布进行简化,即假定电流密度在图中绿色区域内均匀分布,并由电枢喉部向电枢头部延伸的趋肤深度范围内均匀分布。

在依据上述方法对电流密度分布规律进行拟合后,采用 6.2 节提出的电磁力计算方法对电枢、轨道受力情况进行计算,结果如下。

图 6.7 为电枢所受推力随电流幅值和电枢位置变化情况。计算电枢所受推力随电流幅值变化时,电枢尾部距炮尾 30 mm;计算电枢所受推力随位置变化时,设置激励电流的幅值为 160 kA;计算时采用的电流频率为 2 kHz。图 6.8、图 6.9、图 6.10 采用的计算条件均与图 6.7 采用的计算条件相同。

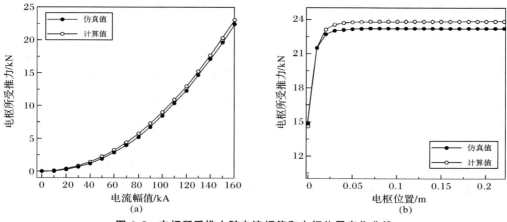

图 6.7　电枢所受推力随电流幅值和电枢位置变化曲线
(a)推力随电流幅值变化；(b)推力随电枢位置变化

从图 6.7 可以看出，电枢所受推力受激励电流的幅值影响较大，基本呈二次方关系。Marshall 博士[108]将电磁轨道炮简化为集总参数的电路模型，得到电枢所受推力的近似表达式 $F=0.5L'I^2$，其中 L' 为轨道电感梯度，与发射器的结构形式、材料参数、激励电流的频率有关。可以看出，图 6.7(a)所示结果与该式表现出一致性。同时，图 6.7(b)中展示出的电枢所受推力随电枢位置变化的关系表现了电感梯度随电枢位置的变化，也与王莹教授提出的"四倍口径法则"表现出一定的一致性[48]。"四倍口径法则"指出，在电流幅值不变的条件下，电枢所受推力将在电枢距炮尾二倍口径的距离处达到峰值的99%以上。图 6.7(b)中可以看出，电枢所受推力在 50 mm(二倍口径)处几乎达到峰值，说明增强型四轨发射器在推力上的表现优于传统发射器。

图 6.8 为主轨道所受电磁力随电流幅值和电枢位置变化情况，其中轨道受力向外扩张的方向为正。可以看出，主轨道所受电磁力随电流幅值变化的趋势与电枢所受推力随电流幅值变化的趋势基本一致，而主轨道所受电磁力随电枢远离炮尾而不断增大，这与电枢所受电磁推力随电枢位置变化的趋势不同。原因在于，随着电枢的运动，主轨道接入回路的部分逐渐增加，该趋势与伊根博格斯的研究结论[36]具有一致性。

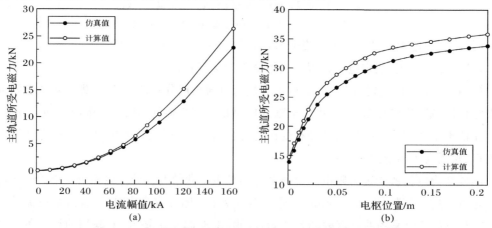

图 6.8　主轨道所受电磁力随电流幅值和电枢位置变化曲线
(a)电磁力随电流幅值变化；(b)电磁力随电枢位置变化

图 6.9 为增强轨所受电磁力随电流幅值和电枢位置的变化情况,图中受力为负值表示增强轨受力的方向朝向与之相对的主轨道,即主轨道与增强轨相互吸引。出现这一现象的原因在于,同一对主轨道与增强轨之间电磁力的作用效果为相互吸引,由于同一对主轨道与增强轨之间的距离较近,所以尽管其余轨道对该轨道电磁力的作用效果均为排斥,但该轨道受到的合力方向仍主要受同一对主轨道的影响。

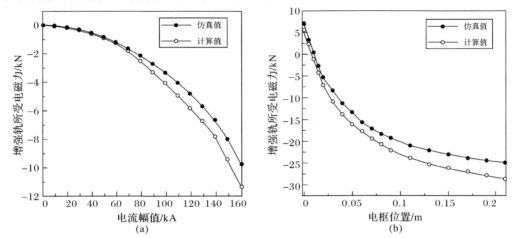

图 6.9　增强轨所受电磁力随电流幅值和电枢位置变化曲线

(a)电磁力随电流幅值变化;(b)电磁力随电枢位置变化

主轨道与增强轨之间相互挤压的受力状态要求:增强型电磁轨道发射器在结构设计的过程中需要充分考虑主轨道与增强轨之间绝缘材料的结构强度,防止绝缘材料因受力变形导致轨道炮的结构发生变化。

图 6.10 为电枢臂所受电磁力随电流幅值和电枢位置变化情况。计算电枢臂所受电磁力的目的在于以该力作为电枢与轨道之间接触压力的近似,进而计算电枢受到的摩擦力。对比图 6.8、图 6.9 和图 6.10 可以看出,主轨道、增强轨、电枢臂受到径向电磁力随电流幅值和电枢位置变化的趋势基本一致。

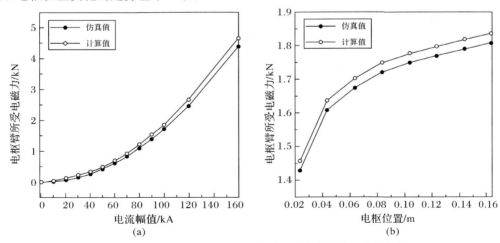

图 6.10　电枢臂所受电磁力随电流幅值和电枢位置变化曲线

(a)电磁力随电流幅值变化;(b)电磁力随电枢位置变化

图 6.11 为仿真得到的电枢、轨道受力随时间变化情况。可以看出,电枢臂所受径向电磁力的变化趋势与接触压力的变化趋势接近,同时电枢臂所受径向电磁力和电枢所受接触压力的变化趋势与激励电流的变化趋势接近,但在电流下降沿,电磁力的下降趋势更加明显。出现这一现象的原因在于,电流下降沿电枢运动速度较高,趋肤效应和速度趋肤效应明显,电磁感应现象对电流的削弱作用较强。图 6.11(b)为轨道受力随时间变化情况。可以看出,主轨道受力随时间变化趋势与电流幅值随时间变化趋势一致,但增强轨在 0.1 ms 内受到的径向电磁力的方向向外,在 0.1 ms 后增强轨受到的径向电磁力的方向向内,原因在于电枢的初始位置主轨道接入回路的长度较小,因此同一对主轨道对增强轨的吸引效果不明显,随着电枢的运动,主轨道接入回路的长度增加,增强轨受到的来自同一对主轨道的吸引力变大,受力方向也随之改变。

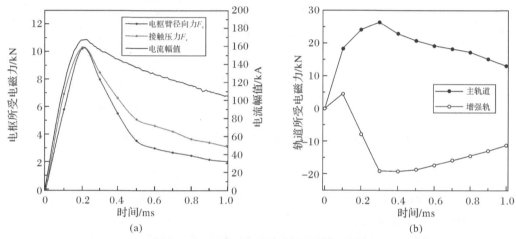

图 6.11　电枢和轨道受力随时间变化曲线
(a)电枢所受电磁力随时间变化;(b)轨道所受电磁力随时间变化

6.4　电枢出膛速度的场路耦合计算

对于确定结构的发射器,在其工作过程中的某一时刻,电枢受到的推力仅由电枢所在的位置、激励电流的幅值和激励电流的瞬时频率三个变量决定,即

$$F_t = f(I, \omega, x) \tag{6.27}$$

在电枢位置确定的条件下,通过求解脉冲成形网络的响应可以得到激励电流的幅值;对激励电流进行时频分析可以得到激励电流的频率。根据当前电枢的位置、电流的幅值和频率,可以得到电枢受到的推力。在极小的时间步 Δt 内,可以认为电枢受到的推力为常值,进而可以根据电枢运动学方程(6.27)求得电枢在 Δt 内的位移和当前时刻的位置。

$$\left. \begin{aligned} a_k &= (F_{t,k-1} - 4\mu F_{e,k} - f_k)/m \\ v_k &= a_k \Delta t + v_{k-1} \\ x_k &= v_k \Delta t + x_{k-1} \end{aligned} \right\} \tag{6.28}$$

式中:m 为电枢质量;f 为电枢受到的空气阻力;$4\mu F_{e,k}$ 表示电枢在第 k 个时间步受到的摩擦力,μ 为摩擦因数。x_0 为电枢的初始位置,电枢的初始速度 v_0 设为 0,a_k 表示电枢在第 k

个时间步的加速度。由于电枢与轨道之间有 4 个接触面,所以电枢受到的摩擦力为接触压力与摩擦因数乘积的 4 倍。电枢受到的空气阻力与电枢的速度有关,可以表示为

$$f_k = \frac{1}{2}C\rho A v_k^2 \tag{6.29}$$

式中:C 为空气阻力系数,取值为 8.192×10^{-4};ρ 为空气密度,假定空气不可压缩,取值为 1.293 kg/m³;A 为电枢迎风面积,其值为 3.7×10^{-4} m²;v_k 为电枢在第 k 个时间步的速度。上述计算根据电枢在 $k-1$ 时刻的状态计算脉冲成形网络的实时负载并求解其响应,根据式(6.27)和式(6.28)计算电枢在 k 时刻的受力和运动特性,进而更新电枢的状态信息。通过迭代,耦合电路响应求解过程和电磁场、电磁力的计算过程,实现对电枢实时受力特征和运动特性的求解。

电磁轨道发射器的最大优势在于能够方便、快速地调整电枢(弹丸)的出膛速度,适应新的作战模式下抗饱和攻击的连续发射要求。为了实现快速调整电枢(弹丸)出膛速度,需要获取电路参数与弹丸出膛速度之间的对应关系。电枢受力的求解过程需要一次二重积分与一次三重积分,在迭代求解的过程中,根据截止时间和计算步长的不同,每次都需要求解电枢受力,消耗时间较长。因此本书采用查表的方法代替迭代求解过程中电枢受力的计算,以减小计算成本。在式(6.27)的三个自变量中,电枢所在的位置和激励电流的瞬时频率与式(6.12)和式(6.13)中的积分区域相关,无法显式地表达出来。而根据洛伦兹力公式,电磁力与电流幅值的二次方成正比,因此可以将电流幅值作为一个独立参数,进而探讨电枢受力与电流瞬时频率 ω 和电枢位置 x 的关系。

定义电枢推力因子 $m[\omega(t),x(t)]$,该因子可以表示为

$$m[\omega(t),x(t)]=F[\omega(t),x(t),I(t)]/I^2(t) \tag{6.30}$$

在电枢推力因子已知的条件下,仅根据激励电流的幅值即可确定电枢受到的推力。根据式(6.30),可以求得电枢位置、电流瞬时频率不同时电枢推力因子 m 的值,见表 6.1。

表 6.1　不同条件下电枢推力因子 m 的值

频率 /Hz	趋肤深度 /mm	电枢尾部位置/mm						
		10	30	50	70	90	110	130
100	6.64	1.712 7	2.086 6	2.100 4	2.103 6	2.102 6	2.101 0	2.100 6
1 000	2.10	1.458 8	1.776 9	1.784 9	1.788 2	1.782 9	1.782 2	1.780 7
2 000	1.48	1.399 7	1.721 5	1.721 4	1.728 9	1.724 2	1.721 9	1.719 1
3 000	1.21	1.381 3	1.685 2	1.695 6	1.695 8	1.695 7	1.695 5	1.695 3
4 000	1.05	1.376 2	1.673 7	1.676 1	1.681 8	1.679 4	1.675 5	1.673 7
5 000	0.94	1.368 7	1.661 6	1.671 1	1.672 2	1.671 0	1.670 5	1.670 1

可以看出,电枢推力因子 m 与电枢位置和激励电流频率有关;电枢越远离炮尾,电枢推力因子 m 的值越大,但在电枢距炮尾的距离超过 50 mm 后,电枢推力因子 m 趋于稳定,随电枢位置变化较小。另外,当激励电流频率越大时,推力因子 m 的值越小,但在频率较高时这一趋势不明显。基于上述分析,可以通过如图 6.12 所示的迭代方法,求得发射器受力、电枢运动特性随时间变化情况。

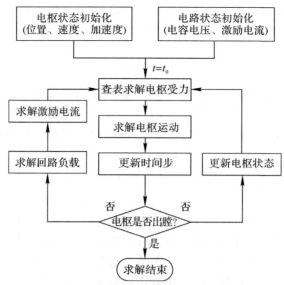

图 6.12　电枢出膛速度迭代计算流程图

表 6.2 为步长为 0.001 ms 时迭代过程中各参数随时间的变化情况。

表 6.2　迭代过程中各参数的变化情况

时间步 /ms	电流幅值 /kA	电流频率 /Hz	负载电阻 /mΩ	负载电感 /μH	加速度 /(m·s^{-2})	速度 /(m·s^{-1})	位移 /m
0	0	0	2.505 191	4.261×10^{-4}	0	0	0
0.01	10.77	3 720	2.505 296	4.276×10^{-4}	1 032	0.038 7	9.58×10^{-6}
0.02	22.19	3 620	2.508 792	4.281×10^{-4}	4 100	0.319 4	3.09×10^{-4}
0.03	34.83	3 553	2.510 232	4.287×10^{-4}	4 769	0.429 7	4.34×10^{-4}
0.04	47.79	3 504	2.511 407	4.293×10^{-4}	19 348	0.535 6	5.38×10^{-4}
0.05	59.03	3 468	2.513 815	4.299×10^{-4}	40 329	0.761 0	7.47×10^{-4}
0.06	71.33	3 439	2.518 474	4.306×10^{-4}	65 718	1.194 2	1.15×10^{-4}

图 6.13 为步长为 0.001 ms 时本方法求解得到的发射器工作过程中发射器受力及电枢运动特性随时间变化情况。

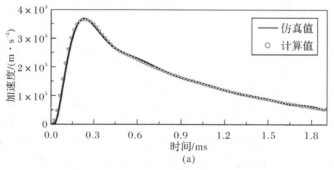

图 6.13　电枢运动特性随时间变化情况

(a)电枢加速度

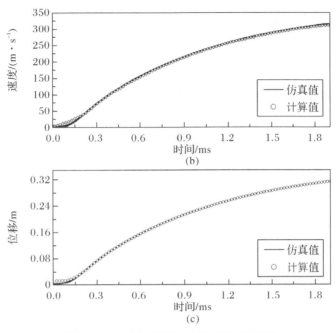

续图 6.13　电枢运动特性随时间变化情况

(b)电枢速度；(c)电枢位移

从图 6.13 中可以看出,采用本方法计算得到的结果与仿真值之间误差较小。

表 6.3 为不同时间步长下本方法计算结果与仿真值之间的误差。从表 6.3 中可以看出:当时间步长较小时,计算误差在 2% 左右;当采用 0.000 5 ms 和 0.001 ms 的时间步长进行计算时,计算误差比较接近,说明当时间步长足够小时,减小时间步长对提升计算精度的作用已经不大。而当时间步长增大至 0.01 ms 以上时,计算误差迅速增大至 15% 以上,出现这一现象的原因在于,电枢的加速度、速度和位移之间通过积分和微分相互转换,因此误差累积效应明显,计算电枢加速度时产生的微小误差会在速度计算时被放大。

表 6.3　不同时间步长下的计算结果与误差

时间步长/ms	0.000 5	0.001	0.005	0.01	0.05
出口速度/(m·s^{-1})	302.3	302.8	303.4	305.3	319.1
误差/(%)	2.03	2.20	3.41	6.04	15.73

6.5　小　　结

本章对以脉冲成形网络为激励的双曲增强型四轨电磁发射器进行了研究,首先探讨了脉冲成形网络负载变化与电枢运动和枢轨系统受力之间的关系,并基于 Biot-Savart 定律给出了电枢受到的推力,以及电枢、轨道受到的径向电磁力和摩擦力的计算方法;本章的第三节通过时频分析对发射器的电磁场扩散规律进行了研究,并基于仿真结果给出了一种发射器电流密度分布规律的拟合方法,用于 Biot-Savart 定律的求解。基于上述分析,给出了一种电枢出膛速度的迭代计算方法：首先对电枢的位置等信息进行初始化，然后在每一个时间步中求解脉冲成形网络的负载并进行时频分析，得到激励电流的幅值和频率，然后采用 Biot-Savart 定律求解电枢与轨道受力，根据电枢运动的控制方程求解电枢在该时间步内位移、速度、加速度的增量，并更新电枢的状态信息，在下一个时间步的计算中，采用更新的电枢信息求解脉冲成形网络，实现场路耦合。经过对比，采用本方法计算得到的结果与仿真结果的误差较小，表明本方法的准确性。相较于有限元仿真方法，采用数值计算的方法求解电枢的出膛速度具有占用计算资源少、耗时短的优点，与电磁轨道发射器能够通过调整电源参数精确调整电枢出膛速度的优势相匹配，更加适应现代战争的需求。

第7章 增强型方膛四轨电磁发射器试验

电磁轨道发射器的工作过程涉及材料相变、损伤,等离子体生成等复杂的物理现象,基于控制方程进行的仿真存在局限性,难以全面、准确地考察发射器的工作特性。尽管受制于发射器的极端工作环境,对发射器的各种物理特性进行测量存在困难,但发射试验仍然是对电磁轨道发射器进行研究的有效手段。本章对本书提出的双曲增强型四轨电磁发射器结构的工程实现问题进行研究:首先对发射器的身管部分、电源系统和采集系统进行研究,构建双曲增强型四轨电磁发射试验平台;其次分别采用 B - dot 探针和光幕靶对电枢的速度进行测量,并对测量结果进行分析。

7.1 试验平台构建

为实现发射器的安全稳定工作和工作过程中各参数的实时、准确测量,构建了双曲增强型四轨电磁发射试验平台。该平台由发射器本体、电源系统、控制系统、采集系统和弹丸回收装置组成,平台各分系统组成及分系统之间的信号、能量流如图7.1所示。

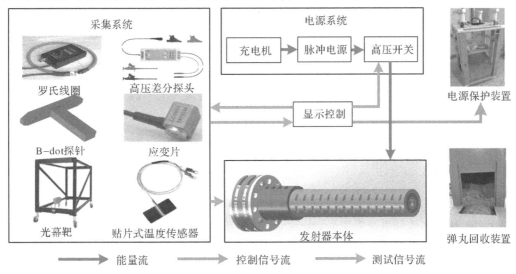

图 7.1　发射试验平台实物图

其中,显示控制系统以集成式主控台的形式进行人机交互,能够对电源系统、采集系统和发射器本体进行控制,实现数据预置输入、系统状态显示、采集结果显示和处理功能。显控系统软件操作界面和显示界面如图 7.2 和图 7.3 所示。

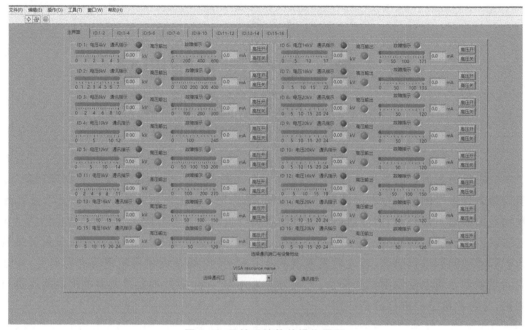

图 7.2 显控系统软件操作界面

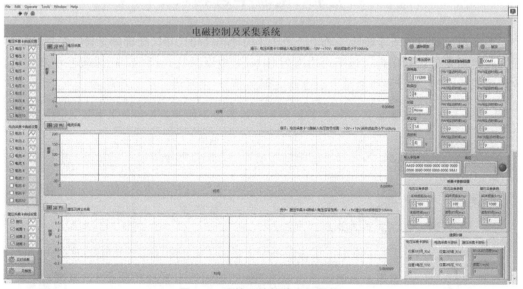

图 7.3 显控系统软件显示界面

除发射装置本体和电源系统外,整个发射系统还包括采集系统、测控系统、弹丸回收装置等分系统。测控系统通过高压差分探头测量炮口电压和炮尾电压,通过罗氏线圈测量脉冲电源放电电流,采用 B-dot 线圈和光幕靶测量电枢在膛内和出膛时的速度,在发射器上安装贴片式温度传感器和应变片用以测量轨道温度和应力应变。

7.1.1　发射器本体

图 7.4 为按第 2 章设计的结构加工得到的发射器身管零部件,包括 4 根主轨道及对应的 4 根增强轨和 4 根绝缘轨、4 个绝缘支撑体、2 组汇流排和钢壳、加固环。其中主轨道与增强轨的材料分别为铬锆铜和 T2 紫铜,电枢材料为 7075 铝合金,发射器身管材料为结构钢,绝缘支撑部件由复合材料 G10 制成。图 7.5 为完成装配后的发射器身管。表 7.1 为发射器结构参数。

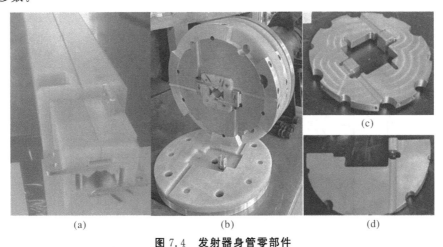

(a)　　　　　　　　　(b)　　　　　　　　　(d)

图 7.4　发射器身管零部件

(a)轨道绝缘支撑部件;(b)汇流排总装;(c)正极汇流排;(d)负极汇流排 A

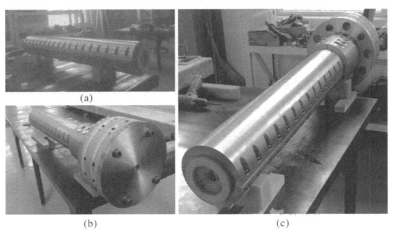

(a)

(b)　　　　　　　　　(c)

图 7.5　发射器身管装配

(a)轨道及钢壳;(b)身管尾部;(c)身管总装

表 7.1　发射器结构参数

口径/mm	26	主轨道厚度/mm	8
主轨道宽度/mm	26	加速长度/m	1.08
电枢外径/mm	26	汇流长度/mm	270
电枢质量/g	30	电枢长度/mm	40

7.1.2 电源系统设计

电磁轨道发射器对能源的要求很高,通常要求电源在毫秒级的时间内输出兆焦级的电能,因此传统的蓄电池、发电机难以满足电磁轨道发射器对电源的需求,也无法直接使用电网进行配电。为了实现瞬间大功率电能输出,采用如图7.6所示的电源系统结构。该电源系统由充电机、脉冲电源、可控硅开关等组成,具备电压升高、电能储存、脉冲电流形成、脉冲波形调制等功能。充电机将220 V市电转换为高压电向脉冲电源充电并进行存储;脉冲电源作为电磁轨道发射器的直接能源,依据既定的时序进行放电形成需要的脉冲网络;可控硅开关由3个压接式晶闸管和3个压接式二极管构成,能够控制电路的通断状态,进而向发射器放电。

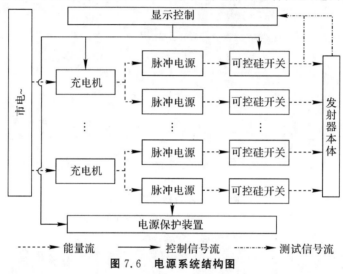

图7.6 电源系统结构图

图7.7为试验平台电源系统工作原理图。试验平台采用6组结构相同的脉冲电源供电,由于6个电容的充放电过程类似,因此仅以单个电容的工作回路为例进行分析。

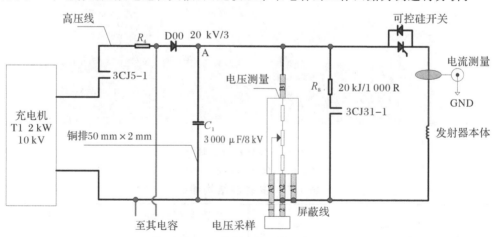

图7.7 电源系统工作原理图

每台充电机连接2个电容,电容与主回路间用尺寸为50 mm×2 mm的铜排线连接,电容前有常开的高压继电器3CJ5-1进行主回路控制,后接充电保护电阻R_4和高压保护硅堆 D00,之后连接至电容 C_1;电容 C_1 两端并有泄放电阻 R_8 和常闭的泄放继电器 3CJ31 - 1。充电开始前,控制继电器 3CJ31 - 1 断开,继电器 3CJ5 - 1 闭合,待控制 C_1 充到额定工作电压后,3CJ5 - 1 断开,进入待触发状态。此时:可通过操作台发出触发命令,通过光纤传输控制脉冲功率组件进行放电;也可控制泄放继电器 3CJ31 - 1 闭合,将电容能量进行泄放。电源系统各组成部分实物如图 7.8 所示。

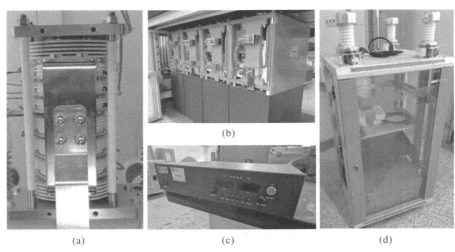

图 7.8 电源系统各组成部分实物

(a)可控硅开关;(b)脉冲电源;(c)充电机;(d)泄电箱

7.1.3 试验布局设计

电磁发射试验平台工作过程中会产生高电压和强磁场,既影响设备工作,也容易产生安全隐患,因此需要对试验布局进行合理设计。图 7.9 为电磁发射试验总体布局。

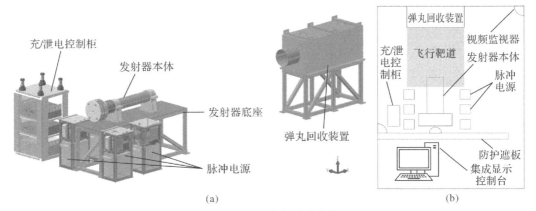

图 7.9 电磁发射试验布局

(a)试验平台布局;(b)实验室平面布局

为防止电磁干扰,充/泄电控制柜安装充电机、电源保护装置应放置于发射器后部且尽量远离发射器本体;脉冲该能源组是系统的直接电源,应尽量靠近发射器本体,以缩短高压线连接距离、减少电流损耗;人员操作区与发射试验区之间通过防护遮板隔离,防止电磁干扰、保护人员安全;操作人员可以通过集成显示控制台对发射试验平台进行控制,并通过视频监视器对其工作状态进行监视。除脉冲电源与发射器之间直接通过电缆连接外,实验室其他设备间的连接线均通过地下线槽铺设,各设备均需接地。

7.2　测　试　方　法

7.2.1　电流测量

发射器系统利用罗氏线圈(Rogowski Coil)进行电流采集及测量。如图 7.10 所示,罗氏线圈的主体部分由两部分组成,一部分是线圈,另一部分是进行后处理的电路。线圈由一个周围绕有导线的环形非铁磁材料构成,导线两端外接后处理电路。测量电流时,被测导体穿过线圈中心,被测导体中流过变化的电流将在线圈周围产生变化的感应磁场,进而产生感应电动势。其中,$e(t)$ 为感应电动势,N 为线圈匝数,R 为线圈等效半径,S 为每匝线圈的面积。

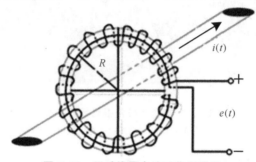

图 7.10　罗氏线圈电流采集原理图

假设穿过线圈的载流导体为一匝,且被测电流为 $i(t)$,对于圆环形截面线圈,假定环内磁场强度处处相等,因此磁感应强度为

$$B = \frac{\mu_0 i(t)}{2\pi R} \tag{7.1}$$

由法拉第电磁感应定律,感应电动势为

$$e(t) = -\frac{\mathrm{d}\psi}{\mathrm{d}t} = -\frac{\mu_0 NS}{2\pi R}\frac{\mathrm{d}i(t)}{\mathrm{d}t} \tag{7.2}$$

图 7.11 为发射系统电流采集及测量示意图,其中同轴电缆 1～4 所连接的脉冲成型网络拓扑结构一样,为了方便,省略同轴电缆 2～4 所连接的脉冲成型网络拓扑。

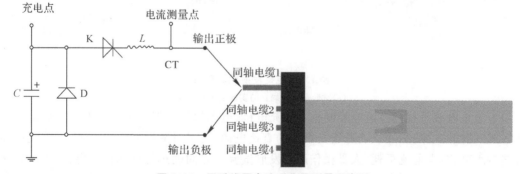

图 7.11　罗氏线圈电流采集及测量示意图

7.2.2　电压测量

由于发射器系统采用的是高电压,所以直接采集测量较为困难且安全隐患较大。一般利用分压器进行分压采集,外接低压测量及显示部分进行高压的获取。高压分压器结构如图 7.12 所示。

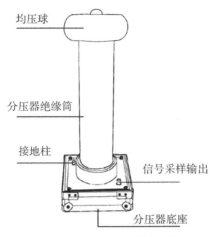

图 7.12　高压分压器结构图

对高电压的测量可以分两个步骤:第一步先通过分压的方式将被测电压分成两部分,一部分高压,一部分低压;第二步对低压部分进行测量,然后通过分压规律计算出总电压。其原理图如图 7.13 所示,左侧是高压部分,通过 Z_1、Z_2 对高压 U_i 进行分压,Z_1 远远大于 Z_2,因此 Z_2 部分的分压为低压 U_o;对 U_o 测量、放大处理后,最后用显示表显示出来。被测高压 U_i 和 U_o 关系式如下式所示:

$$U_o = \frac{U_i}{Z_1 + Z_2} Z_2 \tag{7.3}$$

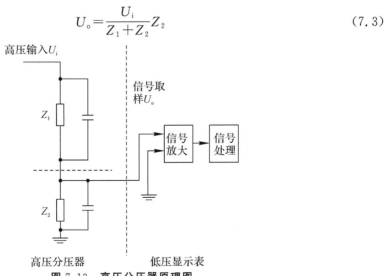

图 7.13　高压分压器原理图

图 7.14 为发射器系统高压采集示意图,其中同轴电缆 1～4 所连接的脉冲成型网络拓扑结构一样,为了方便,省略同轴电缆 2～4 所连接的脉冲成型网络拓扑。

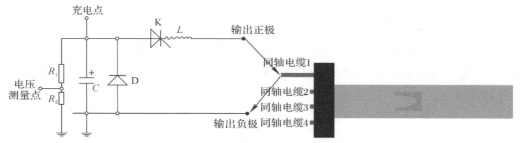

图 7.14　发射器系统高压采集示意图

7.2.3　速度测量

光幕靶系统测速原理如图 7.15 所示,电枢出膛后依次通过光幕 1、2、3,对应的时刻分别为 t_1、t_2、t_3,相邻两光幕间距若为 $\mathrm{d}l$,则计算所得速度为

$$v_{12}=\frac{\mathrm{d}l}{t_2-t_1},\quad v_{23}=\frac{\mathrm{d}l}{t_3-t_2},\quad v_{13}=\frac{2\mathrm{d}l}{t_3-t_1} \tag{7.4}$$

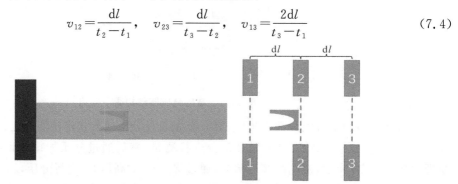

图 7.15　光幕靶测速示意图

在利用光幕靶测得电枢速度后,通过空气阻力计算公式,可以反推电枢在膛口的速度。在膛内环境下,电枢前空气阻力模型为

$$F_P=\frac{(\gamma+1)}{2}\rho_0\left(Av^2+Axa+\frac{1}{2}c_{f2}Pv^2x\right) \tag{7.5}$$

式中:P 为电枢截面周长;c_{f2} 为空气与膛壁的黏滞摩擦系数;ρ_0 为空气初始密度;A 为电枢截面积;v 为电枢速度;a 为电枢加速度;γ 为空气比热比;x 为电枢位移。

对于膛外环境,在电枢出膛后,黏滞摩擦因数 c_{f2} 为 0,空气比热比 γ 为 1.2,空气初始密度 ρ_0 为 1.293 kg/m³,Axa 相对于 Av^2 非常小,式(7.5)近似为

$$F_P=\frac{(\gamma+1)}{2}\rho_0Av^2=1.1\rho_0Av^2 \tag{7.6}$$

7.3　试验结果分析

试验中,分别采用 B-dot 探针和光幕靶两种元件测量电枢速度,图 7.16 为两种测量元件及其在试验平台中的安装位置。B-dot 探针将电枢经过引起的磁场变化转换为感应电压,进而测量电枢经过探针所在位置时的时间。当测量点之间的间隔足够小时,就可以认为电枢在瞬时以匀速通过两个测量点,电枢在测量点之间平均速度即电枢的瞬时速度。试验

中,7 个 B - dot 探针间隔 40 mm 等距布置,图 7.16 中的两块光幕靶之间间隔 300 mm,第一块光幕靶布置于距炮口 5 m 处。

图 7.16　试验中的速度测量元件

图 7.17 为发射试验中电枢出膛瞬间。试验中测得电枢通过两块光幕靶的时差为 1.038 ms,即电枢在此刻的速度为 288.82 m/s。根据对摩擦力进行计算,得到电枢出膛速度约为 331.14 m/s。

图 7.17　电枢出膛瞬间

图 7.18 为 B - dot 探针测得的感应电压波形,电压的过零点时刻即电枢经过 B - dot 探针的时刻。表 7.2 为实验测得的电枢经过 B - dot 探针的时刻和采用第 6 章提出的方法计算得到的电枢到达 B - dot 位置的时刻。可以看出,采用本方法计算得到的结果与采用光幕靶测量得到的结果吻合较好,与 B - dot 探针测量得到的结果存在一定误差,但整体趋势接近。

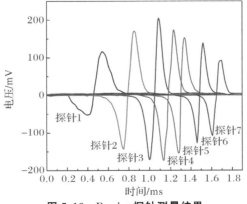

图 7.18　B - dot 探针测量结果

表 7.2　B‐dot 探针测速结果

位置/mm	60	100	140	180	220	260	300
计算速度/(m·s⁻¹)	119.22	121.21	137.93	190.48	235.29	266.67	323.21
测量速度/(m·s⁻¹)	—	132.89	173.91	218.58	270.27	312.50	347.83

B‐dot 探针通过电枢经过时引起的电磁感应现象判断电枢的位置,因此两个探针之间的距离不能太小,否则会产生干扰并引起误差。光幕靶则基于光电转换的原理测量电枢经过两块光幕的时刻。由于光幕之间不存在相互干扰,所以光幕靶对速度的测量更加准确。但光幕靶只能用于测量电枢出膛后的速度,不能对电枢的膛内运动过程进行监测。

图 7.19 为发射结束后轨道损伤状态和回收的电枢。试验中 6 组脉冲电源充电电压为 5 kV,测得发射时的峰值电流为 169.68 kA,电枢膛内运动时间为 1.9 ms。可以看出,在脉冲大电流激励下,采用本书提出的发射器结构,使用常规的发射器电枢轨道材料,电枢和轨道的损伤均比较轻微,满足重复发射的要求。

(a)　　　　　　　　　　　　　　　　(b)

图 7.19　发射后电枢、轨道状态

(a)发射后的轨道;(b)回收的电枢

7.4　小　　结

本章阐述了双曲增强型四轨电磁发射器进行工程研制的情况,介绍了发射试验平台中发射器本体、采集控制系统、电源系统的组成、结构和工作原理,并对试验布局进行了设计。在完成电磁发射试验平台后,采用峰值为 169.68 kA 的脉冲电流进行了发射试验,结果表明:B‐dot 探针和光幕靶的测速结果与数值计算结果具有良好的一致性;发射后电枢和轨道的损伤均较轻微,满足设计需求。本章的研究内容能够为多轨道电磁发射器的工程设计和发射试验平台的研制提供参考。

第8章 结 论

电磁轨道发射器具有能量效率高、输出功率大、发射间隔短、工作稳定性好、推力易调节等显著优势,在飞机与导弹的弹射、动能武器的发射等领域具有广阔的应用前景。本书设计了一种能够改善发射器接触特性和膛内磁场环境的双曲增强型四轨电磁发射器结构,并通过有限元-边界元耦合仿真对该构型发射器的多物理场耦合特性进行了研究,提出了一种基于场路耦合的电枢出膛速度数值计算方法,并针对铜基复合型轨道在四极轨道电磁发射器上的应用开展多物理场耦合仿真。最后构建了双曲增强型四轨电磁发射试验平台,基于该平台对所设计的双曲方膛增强型发射器结构和提所出的数值计算方法进行了验证,为电磁轨道发射器的工程化提供参考。

本书的主要研究内容和结论如下:

(1)根据发射器的接触特性和电磁特性设计了一种双曲增强型四轨电磁发射器结构。建立了双轨电磁发射器、四轨电磁发射器和增强型四轨电磁发射器模型,比较了三种结构发射器的电磁特性和电枢所受推力;建立了三种截面轨道的电磁发射器模型,计算了不同参数下三种轨道的惯性矩并对轨道的抗变形能进行了研究,通过仿真研究了三种轨道的初始接触特性和通电接触特性。基于上述分析设计了一种双曲增强型四轨电磁发射器结构,并基于该结构构建了电磁发射试验平台,对平台的电源系统、采集系统、显示控制系统和实验布局进行了研究。

(2)采用有限元-边界元耦合方法建立了发射器电枢膛内运动过程仿真模型,对双曲增强型四轨电磁发射器的动态发射过程进行了研究。推导了仿真模型的电磁场、温度场、结构场控制方程及有限元-边界元实现形式,对电枢的装填过程和发射过程进行了研究。结果表明:在采用不同的装填方法对电枢进行装填后,电枢的状态基本一致;电枢的运动过程涉及复杂的多物理场耦合现象,发射器受到的电磁力首先影响电枢与轨道的接触状态,使发射器的接触特性剧烈变化,其次影响摩擦热的生成;枢轨接触状态的改变导致接触电阻产生变化,进而影响焦耳热的生成。研究结果能够为探索发射器的多物理场耦合机理、设计电磁轨道发射器的结构提供一定参考。

(3)提出了一种电枢出膛速度的数值计算方法。通过求解脉冲成形网络的偏微分方程得到激励电流曲线,采用小波变换对激励电流曲线进行时频分析得到了电流的频率;根据Maxwell方程组推导了规定趋肤效应的电流扩散方程,并对电流分布规律进行了拟合;采用

Biot-Savart 定律计算了电枢、轨道的受力;根据电枢运动的控制方程进行迭代,更新脉冲成形网络的实时负载和发射器的受力,实现脉冲成形网络计算电流和 Biot-Savart 定律计算发射器受力的耦合。采用该方法对双曲增强型四轨电磁发射器电枢的出膛速度进行了计算,计算结果与耦合仿真结果和试验结果吻合良好。该方法能够为电磁轨道发射器电源电路设计、出膛速度调整提供参考。

(4)仿真比较了四极复合型轨道电磁发射器和传统的四极轨道电磁发射器的电磁特性,进一步分析了复合层参数对轨道和电枢的电流、磁场强度的影响规律。分析结果表明,四极复合型轨道电磁发射器模型能有效降低枢轨接触面上的最大电流密度,在特定位置有更大的磁场屏蔽范围,能提供更好的发射磁场环境,该模型具有一定的科学性及优越性。通过对四极复合型轨道电磁发射器的电磁-结构耦合、电磁-温度耦合和电磁-温度-结构耦合进行了仿真分析,探究了发射器的多物理场耦合特性。研究发现:四极复合型轨道电磁发射器各组件在发射结束时刻的温升不同,引起电枢和轨道不同程度的变形,变形位置也有所差异,组件的应力分布也呈现出一定的特点;分析了热应力对装置模态的影响,发现热应力会降低装置的固有频率,但不会改变各阶固有频率对应的主振型。研究结果可为四极复合型轨道电磁发射器的结构设计、材料选择和预防热损伤提供借鉴。

本书通过多物理场耦合仿真对双曲增强型四轨电磁发射器进行了研究,并提出了一种基于场路耦合的电枢出膛速度数值计算方法,能够为探究电磁轨道发射器的多物理场耦合机理、设计电磁轨道发射器的结构和电源参数提供一定参考,但仍有许多问题需要进一步探索:

(1)本书通过比较不同结构发射器的电磁兼容性和接触特性,设计了一种双曲增强型四轨电磁发射器,但没有对发射器的结构参数进行深入的探讨,尤其是没有进一步挖掘增强轨的使用对发射器性能的影响。

(2)本书基于有限元-边界元耦合的方法对发射器的电磁、结构、热特性进行了仿真,但对发射器温升现象的模拟还不够深入。在下一步研究中,应采用更精准的模型分析电磁轨道发射器电枢与轨道之间的热交换现象,尤其需要考虑温升引起的材料软化、相变等现象。

(3)本书对电磁相互作用下的电流扩散规律进行了研究,但未能考虑邻近效应,计算时采用的电流拟合方案与仿真结果、实际情况相比还有差别,导致 Biot-Savart 定律计算得到的电枢和轨道受力不够准确。在下一步工作中,应当采用更准确的电流拟合方案,对电枢和轨道的受力特征进行更深入的研究,以提高计算结果的精度。

参 考 文 献

[1] 陈涛,梁明.火箭助推制导炸弹发展综述[J].飞航导弹,2018(5):54 – 59.

[2] 杨寒,王虹玥,张家仙.弹射器发展综述[C]//中国航天第三专业信息网第三十八届技术交流会暨第二届空天动力联合会议,2017:54 – 56.

[3] 曲东森,曹延杰,王成学,等.电磁发射拦截系统发展研究[J].微电机,2016,49(11):98 – 102.

[4] 苏子舟,张涛,张博,等.导弹电磁弹射技术综述[J].飞航导弹,2016(8):28 – 32.

[5] 腾腾,谭大力,王擎宇,等.舰用电磁发射技术研究综述[J].舰船科学技术,2020,42(13):7 – 12.

[6] 蔺志强,陈桂明,许令亮,等.电磁发射技术在导弹武器系统中的应用研究[J].飞航导弹,2020(7):67 – 71.

[7] MARSHALL R A. Where have we been? Where are we going? [J]. IEEE Transactions on Magnetics,2001,37(1):440 – 444.

[8] KIM K. Electromagnetic railgun hydrogen pellet injector:progress and prospect[C]// United States,1988:1533 – 1538.

[9] 李孟龙.新型电磁发射器关键技术的研究[D].哈尔滨:哈尔滨工业大学,2013.

[10] 车英东,赵伟康,王志增,等.枢轨接触面形貌对电枢起动特性的影响[J].强激光与粒子束,2020,32(5):112 – 116.

[11] 陈允,徐伟东,袁伟群,等.电磁发射中铝电枢与不同材料导轨间的滑动电接触特性[J].高电压技术,2013,39(4):937 – 942.

[12] 崔孟阳,王学智,丁日显,等.轨道炮发射过程中轨道的受力与变形问题研究[J].弹箭与制导学报,2019,39(4):114 – 117.

[13] HSIEH K T,SATAPATHY S,HSIEH M T. Effects of pressure-dependent contact resistivity on contact interfacial conditions[J]. IEEE Transactions on Magnetics,2008,45(1):313 – 318.

[14] LIU S,MIAO H,LI M. Investigation of the armature contact efficiency in a railgun [J]. IEEE Transactions on Plasma Science,2019,47(7):3315 – 3319.

[15] 郭仁荃,李豪杰,杨宇鑫.基于 COMSOL 的轨道炮弹引信部位磁场组合屏蔽仿真[J].

探测与控制学报,2020,42(3):8 - 13.

[16] 侯俊超.电磁轨道发射电磁场及电磁力动态特性研究[D].太原:中北大学,2021.

[17] 李腾达,冯刚,刘少伟,等.四轨电磁发射器不同构型枢轨静力学分析[J].弹道学报, 2021,33(1):90 - 96.

[18] 李腾达,冯刚,刘少伟,等.四轨电磁发射器轨道构型对电流分布的影响[J].兵器材料 科学与工程,2021,44(5):5 - 11.

[19] LI C,CHEN L,WANG Z,et al. Influence of armature movement velocity on the magnetic field distribution and current density distribution in railgun[J]. IEEE Transactions on Plasma Science,2020,48(6):2308 - 2315.

[20] YIN Q,ZHANG H,LI H J,et al. Analysis of in-bore magnetic field in C-Shaped armature railguns[J]. Defence Technology,2018,15(1):6 - 15.

[21] MCNAB I R,BEACH F C. Naval railguns[J]. IEEE Transactions on Magnetics, 2007,43(1):463 - 468.

[22] 杨帆,翟小飞,张晓,等.电磁轨道发射装置的动态多物理场耦合分析[J].弹箭与制导 学报,2021,41(2):20 - 24.

[23] ZHANG B,KOU Y,JIN K,et al. A multi-field coupling model for the magnetic-thermal-structural analysis in the electromagnetic rail launch[J]. Journal of Magnetism and Magnetic Materials,2021,519:1674 - 1695.

[24] 林庆华,栗保明.基于瞬态多物理场求解器的电磁轨道炮发射过程建模与仿真[J].兵 工学报,2020,41(9):1697 - 1707.

[25] ZHU C Y,LI B M. Analysis of sliding electric contact characteristics in augmented railgun based on the combination of contact resistance and sliding friction coefficient [J]. Defence Technology,2020,16(4):747 - 752.

[26] 朱春燕,王军,马富强,等.基于炮尾电压的串联增强型电磁轨道炮滑动电接触特性分 析[J].兵工学报,2020,41(7):1280 - 1287.

[27] 赵丽曼.轨道型电磁发射器刨削行为的有限元分析[D].秦皇岛:燕山大学,2015.

[28] 王咸斌.电磁轨道发射器轨道刨削机理研究[D].北京:中国科学院大学,2018.

[29] CHEN L,HE J,MEMBER L,et al. Experimental study of armature melt wear in solid armature railgun[J]. IEEE Transactions on Plasma Science,2015,43(5):1142 - 1146.

[30] 李菊香,苏子舟,国伟,等.基于B探针的轨道炮电枢位置测量及研究[J].火炮发射与 控制学报,2014,35(2):40 - 44.

[31] AIGNER S,IGENBERGS E. Friction and ablation measurements in a round bore railgun [J]. IEEE Transactions on Magnetics,1989,25(1):33 - 39.

[32] LI S,LU J,CHENG L,et al. A high precision in-bore velocity measurement system of railgun based on improved Bi-LSTM network[J]. Measurement,2020(169):108501.

[33] LI J,YAN J,HUANG K,et al. A modeling and measuring method for armature muzzle velocity based on railgun current[J]. IEEE Transactions on Plasma Science,2021, 49(7):2272 - 2277.

[34] YANG Y,DAI K,YIN Q,et al. In-bore dynamic measurement and mechanism analysis of multi-physics environment for electromagnetic railguns[J]. IEEE Access,2021(9)：16999－17010.

[35] KASAHARA H,MATSUO A. Three-dimensional numerical investigation of hypersonic projectile launched by railgun on transitional ballistics[J]. Journal of Spacecraft and Rockets,2021,58(4):919－935.

[36] YU Z. Structure optimization of electromagnetic railgun armature based on machine learning[J]. Journal of Physics(Conference Series),2021,1802(2):022069－022076.

[37] SITZMAN A,SURLS D,MALLICK J. Design,construction,and testing of an inductive pulsed-power supply for a small railgun[J]. IEEE Transactions on Magnetics,2006,43(1):270－274.

[38] MCNAB I R. Early electric gun research[J]. IEEE Transactions on Magnetics,1999,35(1):250－261.

[39] 苏子舟. 电磁轨道炮技术[M]. 北京:国防工业出版社,2018.

[40] GRANEAU P. Application of Ampere's force law to railgun accelerators[J]. Journal of Applied Physics,1982,53(10):6648－6654.

[41] 杜传通,雷彬,金龙文,等. 电磁轨道炮电枢技术研究进展[J]. 火炮发射与控制学报,2017,38(2):48－55.

[42] SHVETSOV G A. Overview of some recent EML efforts within Russia[J]. IEEE Transactions on Magnetics,1997,33(1):26－30.

[43] 王莹,肖峰. 电炮原理[M]. 北京:国防工业出版社,1995.

[44] DEADRICK F,HAWKE R,SCUDDER J. MAGRAC:railgun simulation program[J]. IEEE Transactions on Magnetics,1981,18(1):94－104.

[45] 白象忠,赵建波,田振国. 电磁轨道发射组件的力学分析[M]. 北京:国防工业出版社,2015.

[46] CHALLITA A,MAAS B L. A multiple armature railgun launcher[J]. IEEE Transactions on Magnetics,1993,29(1):763－768.

[47] MURTHY S K,WELDON W F. Multiphase railgun systems:a new concept[J]. IEEE Transactions on Magnetics,1993,29(1):472－477.

[48] ELDER D J. The first generation in the development and testing of full-scale,electric gun-launched,hypervelocity projectiles[J]. IEEE Transactions on Magnetics,1997,33(1):53－62.

[49] 李小将,王华,王志恒,等. 电磁轨道发射装置优化设计与损伤抑制方法[M]. 北京:国防工业出版社,2017.

[50] 冯刚,时建明,刘少伟,等. 四轨道电磁发射器性能分析与优化设计[M]. 西安:西北工业大学出版社,2021.

[51] ZIELINSKI A E,WERST M D. Cannon-caliber electromagnetic launcher[J]. IEEE Transactions on Magnetics,1997,33(1):630－635.

[52] JAMES T E. Arcing phenomena in transitioned solid armatures[J]. IEEE Transactions on Magnetics,1997,33(1):80 - 85.

[53] STEFANI F,PARKER J V. Experiments to measure wear in aluminum armatures in railguns [J]. IEEE Transactions on Magnetics,2002,35(1):100 - 106.

[54] STEFANI F,MERRILL R,WATT T. Numerical modeling of melt-wave erosion in 2D block armatures[C]//12th Symposium on Electromagnetic Launch Technology, 2004:121 - 127.

[55] WOODS L C. The current melt-wave model[J]. IEEE Transactions on Magnetics, 1997,33(1):152 - 156.

[56] STEFANI I,FRANCIS L,TREVINO L,et al. Use of the magnetic saw effect for manufacturing[J]. IEEE Transactions on Plasma Science,2014,21(4):152 - 157.

[57] LIU S,BARKER R J. A new hybrid ion-channel maser instability[J]. IEEE Transactions on Plasma Science,2000,28(3):1016 - 1019.

[58] TZENG J T,HSIEH K T. Electromagnetic field effect and analysis of composite structure[J]. IEEE Transactions on Plasma Science,2015,43(5):1536 - 1540.

[59] MEGER R A,CAIRNS R L,DOUGLASS S R,et al. EM gun bore life experiments at naval research laboratory[J]. IEEE Transactions on Plasma Science, 2013, 41 (5): 1533 - 1537.

[60] MCDONALD L,JASON L,HSIEH L,et al. Edge elements and current diffusion[J]. IEEE Transactions on Plasma Science,2011,39(1):437 - 441.

[61] WATT T,BOURELL L. Sliding instabilities and hypervelocity gouging[J]. IEEE Transactions on Plasma Science,2011,39(1):162 - 167.

[62] HEYDARI M B,ASGARI M,KESHTKAR A. A novel structure of augmented railgun using multilayer magnets and sabots[J]. IEEE Transactions on Plasma Science, 2019,47(7):3320 - 3326.

[63] BURTON R L,WITHERSPOON F D,GOLDSTEIN S A. Performance of a self-augmented railgun[J]. Journal of Applied Physics,1991,70(7):3907 - 3911.

[64] 王莹,MARSHALL R A. 电磁轨道炮技术[M]. 北京:兵器工业出版社,2006.

[65] WANG Z,LI H,WEN Y,et al. Analysis of a series augmented railgun launching process[C]// The XIX International Conference on Electrical Machines-ICEM 2010,2010.

[66] XIE H B,YANG H Y,YU J,et al. Research progress on advanced rail materials for electromagnetic railgun technology[J]. IEEE Transactions on Plasma Science,2021, 17(2):429 - 439.

[67] BANDINI G, MARRACCI M, CAPOSCIUTTI G, et al. Current distribution in railgun rails through barycenter filament model[J]. IEEE Transactions on Instrumentation and Measurement,2021,12(3):521 - 528.

[68] YIN D M,LI B M,XIAO H C. Analysis for the residual prestress of composite barrel

for railgun with tension winding[J]. Defence Technology,2020,16(4):7 - 14.

[69] WETZ D A,STEFANI F,MCNAB I R. Experimental results on a 7-m-long plasma-driven electromagnetic launcher[J]. IEEE Transactions on Plasma Science,2011, 39(1):180 - 185.

[70] THORNHILL L,BATTEH L. Scaling laws for plasma armatures in railguns[J]. Plasma Science,IEEE Transactions on,1993,21(3):289 - 297.

[71] ROLADER G,BATTEH L. Thermodynamic and electrical properties of railgun plasma armatures[J]. IEEE Transactions on Plasma Science,1989,17(3):439 - 445.

[72] LIN Q,LI B. Modeling and numerical simulation on launch dynamics of integrated launch package in electromagnetic railgun[J]. Journal of Physics Conference Series, 2020,1(2):1507 - 1516.

[73] YU Z. Structure optimization of electromagnetic railgun armature based on machine learning[J]. Journal of Physics Conference Series,2021,18(2):220 - 229.

[74] DM R,TACHAU L. Gouge initiation in high - velocity rocket sled testing[J]. International Journal of Impact Engineering,1995,17(4):825 - 836.

[75] 吴金国. 电磁轨道炮枢轨结构动力学与超高速刨削研究[D]. 南京:南京理工大学,2018.

[76] 何威,白象忠. 方口径电磁轨道发射装置参数选择对系统动态响应的影响[J]. 应用力学学报,2013,30(5):680 - 686.

[77] 沈剑,王少龙,宁益晨,等. 电磁炮超高速弹丸膛内运动稳定性研究[J]. 弹箭与制导学报,2020,40(4):1 - 4.

[78] QIANG L,YIN L,HE L,et al. Analysis of in-bore magnetic field in C-shaped armature railguns [C]//International Defence Technology Conference,2019:1532 - 1538.

[79] LOU Y T,HAI-YUAN L I,BAO-MING L I,et al. Research on proximity effect of electromagnetic railgun[J]. Defence Technology,2016,12(3):223 - 226.

[80] 杜佩佩,鲁军勇,冯军红,等. 电磁轨道发射器电磁结构耦合动态发射过程数值模拟[J]. 电工技术学报,2020,35(18):3802 - 3810.

[81] 赵凌康. 电磁发射轨道的非傅里叶热效应[D]. 秦皇岛:燕山大学,2020.

[82] 赵凌康,田振国,靳利园,等. 电磁发射轨道的非傅里叶热应力分析[J]. 应用力学学报,2021,38(2):818 - 824.

[83] 金文. 非理想接触枢/轨界面的电磁与热特性研究[D]. 武汉:华中科技大学,2016.

[84] 林灵淑,赵莹,袁伟群,等. 电磁轨道发射的瞬态温度效应[J]. 高电压技术,2016, 42(9):2864 - 2869.

[85] 金龙文,雷彬,李治源,等. 轨道炮刨削形成模型及其影响因素[J]. 火力与指挥控制, 2013,38(11):56 - 59.

[86] 金龙文,雷彬,李治源,等. 轨道炮刨削形成机理分析及数值模拟[J]. 爆炸与冲击, 2013,33(5):537 - 543.

[87] 肖铮. 电枢-轨道载流滑动接触面摩擦磨损研究[D]. 武汉:华中科技大学,2012.

[88] 肖铮,陈立学,夏胜国,等.电磁发射用一体化 C 形电枢的结构设计[J].高电压技术, 2010,36(7):1809 – 1814.

[89] 董霖.载流摩擦磨损机理研究[D].成都:西南交通大学,2008.

[90] 田磊.滑动摩擦条件下电弧的产生及其对载流摩擦磨损性能的影响[D].洛阳:河南科技大学,2012.

[91] 浦晓亮.模拟电磁发射条件下铜合金轨道损伤特征研究[D].济南:山东大学,2019.

[92] GROVER E W,GROVER F C. Inductance calculations working formulas and tables [J]. Mathematics of Computation,1964,18(85):259 – 266.

[93] KERRISK J. Electrical and thermal modeling of railguns[J]. IEEE Transactions on Magnetics,1984,20(2):399 – 402.

[94] YU K,ZHU H,XIE X,et al. Loss analysis of air-core pulsed alternator driving an ideal electromagnetic railgun[J]. IEEE Transactions on Transportation Electrification,2021,7(3):1589 – 1599.

[95] ZHOU P,LI B. Exergy analysis of the electromagnetic railgun[J]. IEEE Transactions on Plasma Science,2021,49(12):3980 – 3987.

[96] 宋耀东,陈启明,孙德元,等.电磁发射系统的脉冲成形网络建模与仿真分析[J].计算机测量与控制,2014,22(4):1257 – 1259.

[97] 金涌,张亚舟,李贞晓,等.变负载电阻脉冲成形网络放电的初步分析[J].高电压技术, 2014,40(4):1121 – 1126.

[98] 林庆华,栗保明.电容储能高功率脉冲成形网络浪涌过程分析[J].南京理工大学学报 (自然科学版),2008,32(6):729 – 732.

[99] 浦晓亮.模拟电磁发射条件下铜合金轨道损伤特征研究[D].济南:山东大学,2019.

[100] 孟晓永.电磁轨道炮复合型轨道的动态响应[D].秦皇岛:燕山大学,2016.

[101] TIAN Z,XUEYUN A N. Multi physical field coupling analysis of composite electromagnetic track[J]. Journal of Gun Launch & Control,2017,38(3):1 – 6.

[102] SIOPIS L,MATTHEW J,NEU L,et al. Materials selection exercise for electromagnetic launcher rails[J]. IEEE Transactions on Magnetics,2013,49(8):4831 – 4838.

[103] 李韶林,国秀花,宋克兴,等.载流摩擦用铜基复合材料的研究现状及展望[J].材料热处理学报,2021,42(4):1 – 16.

[104] AHN B W,KIM J H,HAMAD K,et al. Microstructure and mechanical properties of a B_4C particle-reinforced Cu matrix composite fabricated by friction stir welding[J]. Journal of Alloys and Compounds,2017,69(3):688 – 691.

[105] 程建奕,汪明朴,钟卫佳,等.内氧化法制备的 $Cu\text{-}Al_2O_3$ 合金的显微组织与性能[J]. 金属热处理学报,2003(1):23 – 27.

[106] 宋克兴,李韶林,国秀花. TiB_2 含量对 TiB_2/Cu 复合材料抗电蚀性能的影响[J].机械工程材料,2014,38(2):54 – 58.

[107] PAN Y,XIAO S Q,LU X,et al. Fabrication,mechanical properties and electrical conductivity of Al_2O_3 reinforced Cu/CNTs composites[J]. Journal of Alloys and

Compounds,2018,78(2):1015 – 1023.

[108] RC A,YU H B,ZZ B,et al. Investigation of the structure and properties of electro-deposited Cu/graphene composite coatings for the electrical contact materials of an ultrahigh voltage circuit breaker[J]. Journal of Alloys and Compounds,2019(777):1159 – 1167.

[109] 曹海要,战再吉. 铜/金刚石复合材料电磁轨道烧蚀特性的实验研究[J]. 高压物理学报,2016,30(4):317 – 322.

[110] 李雪飞. 铜基石墨复合材料制备及其载流摩擦磨损性能研究[D]. 洛阳:河南科技大学,2012.

[111] 黄伟,杨黎明,史戈宁,等. 电磁发射条件下 CuCrZr 合金材料轨道损伤行为研究[J]. 兵工学报,2020,41(5):858 – 864.

[112] 田振国,安雪云,杨艳,等. 轨道炮发射状态下复合轨道的温度场分析[J]. 燕山大学学报,2019,43(3):271 – 277.

[113] 田振国,安雪云. 复合型电磁发射轨道接触应力分析[J]. 应用数学和力学,2018,39(12):1377 – 1389.

[114] TIAN Z G,AN X Y,YANG Y,et al. Dynamic stress analysis of a composite electromagnetic track[J]. Strength of Materials,2018,50(5):743 – 751.

[115] 吕庆敖,陈建伟,张华翔,等. 电磁轨道炮锡合金涂层电枢/轨道温度场数值仿真[J]. 兵器装备工程学报,2019,40(4):10 – 14.

[116] WILD B,SCHUPPLER C,ALOUAHABI F,et al. The influence of the rail material on the multishot performance of the rapid fire railgun[J]. IEEE Transactions on Plasma Science,2015,43(6):2095 – 2099.

[117] ZHANG Z Y,SUN L X,TAO N R. Nanostructures and nanoprecipitates induce high strength and high electrical conductivity in a CuCrZr alloy[J]. Journal of Materials Science and Technology,2020,48(13):18 – 22.

[118] 田振国,孟晓永,安雪云,等. 电磁轨道发射状态下的复合导轨动态响应研究[J]. 兵工学报,2017,38(4):651 – 657.

[119] 李杨绪. 纳米颗粒增强石墨-铜复合材料的制备及性能研究[D]. 成都:西南交通大学,2016.

[120] 陈帮军,杨苗,刘建秀. 碳纤维对铜基粉末冶金摩擦材料性能的影响[J]. 铸造技术,2017,38(6):1304 – 1307.

[121] ZUHAILAWATI H,MAHANI Y. Effects of milling time on hardness and electrical conductivity of in situ Cu-NbC composite produced by mechanical alloying-sciencedirect[J]. Journal of Alloys and Compounds,2009,476(1/2):142 – 146.